언제라도 오사카

언제라도 오사카

1판 1쇄 발행일 2019년 1월 30일
지은이 김혜림, 김봉섭, 황성민 I **펴낸이** 김민희, 김준영
편집 김민희, 김준영 I **교정·교열** 김반희 I **감수** 정꼬꼬
디자인 박혜진, 이유진 I **영업 마케팅** 김영란 I **제작** 더블비

펴낸곳 두사람 I **등록** 2016년 2월 1일 제 2016-000031호
팩스 02-6442-1718 I **메일** twopeople1718@gmail.com
주소 서울시 마포구 월드컵로14길 24 302호

ISBN 979-11-963702-7-5 14980 / 979-11-963702-6-8 (세트)
도움 주신 분 굿컴퍼니 신중숙, 일본정부관광국 유진, 오사카관광국 김민정, 토마토와이파이 박기현

두사람은 여행서 전문가가 만드는 여행 출판사, 여행 콘텐츠 그룹입니다.
독자들을 위한 쉽고 친절한 여행서, 클라이언트를 위한 맞춤 여행 콘텐츠와 서비스를 제공합니다.
Published by TWOPEOPLE, Inc. Printed in Korea

이 도서의 국립중앙도서관 출판예정도서목록(CIP)은 서지정보유통지원시스템 홈페이지
(http://seoji.nl.go.kr)와 국가자료공동목록시스템(http://www.nl.go.kr/kolisnet)에서 이용하실 수 있습니다.
(CIP제어번호: CIP2019000882)

Whenever OSAKA

언제라도 오사카

PLUS 나라·호류지·이마이초

김혜림·김봉섭·황성민 지음

두사람

CONTENTS

언제라도 오사카

PLUS 나라·호류지·이마이초

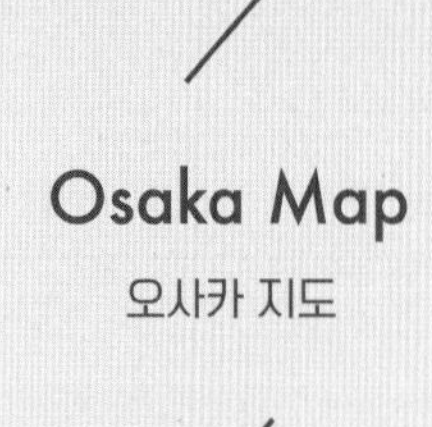

《언제라도 오사카》 구글맵 QR코드

간사이 전도

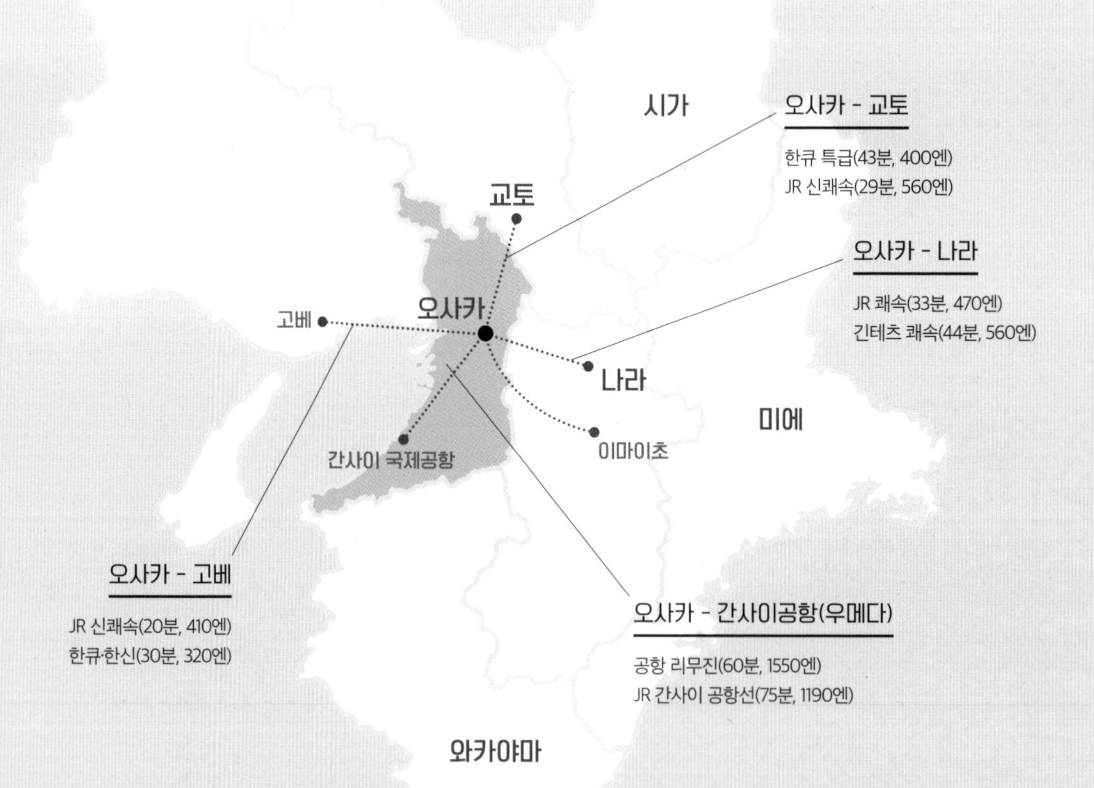

우리나라에서 오사카까지 소요 시간

김포 · 인천 - 오사카 : 1시간 45분

부산 - 오사카 : 1시간 20분

대구 - 오사카: 1시간 10분

청주 - 오사카 : 1시간 40분

제주 - 오사카 : 1시간 20분

오사카 시 전도

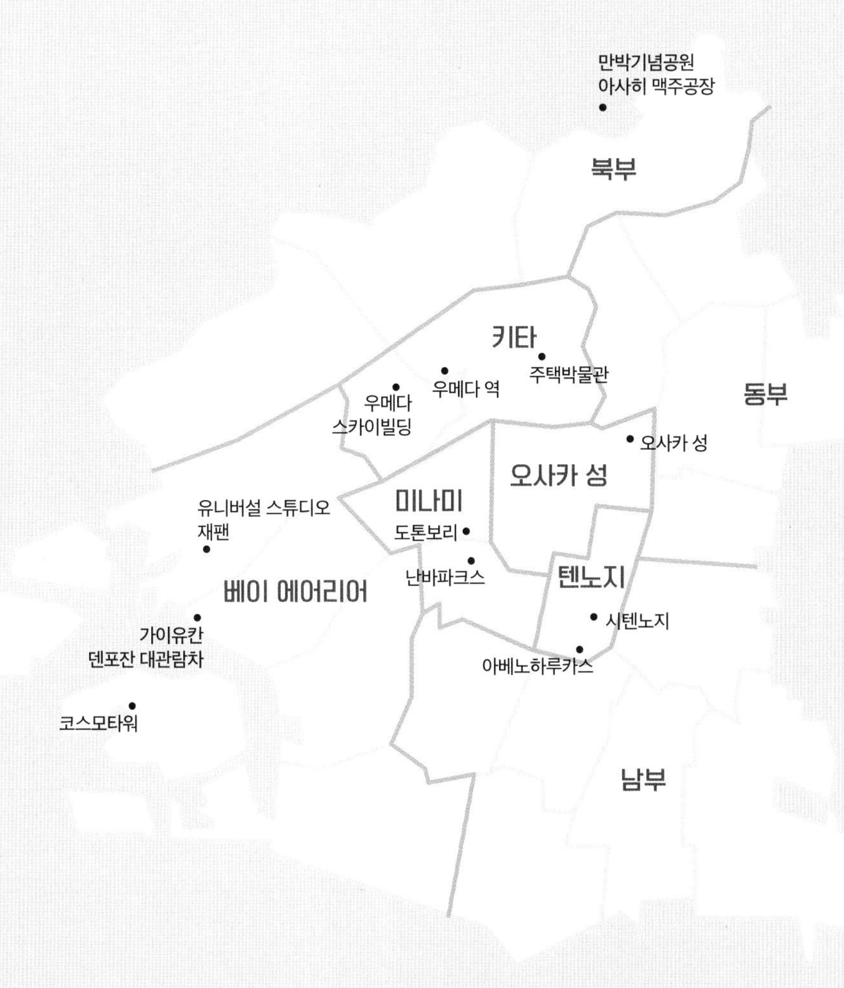

Osaka Profile

오사카 기본 정보

오사카는 우메다를 중심으로 하는 키타,
난바와 텐노지를 중심으로 하는
미나미로 크게 나뉜다.
오사카메트로를 타면
오사카 시내 어디에 있든
키타나 미나미로 이동할 수 있어
초보 여행자라도 여행하기 쉽다.
특히 오사카칸조센은
오사카 시내를 원형으로
한 바퀴 돌기 때문에 주요 지역에서의
승하차는 물론 각종 사철(私鉄)로
갈아타기 편리하다.

전압

우리나라와 달리 일본의 전압은 110V다. 하지만 요즘은 프리볼트(100-240V) 전자제품들이 많기 때문에 2핀 변환 플러그(돼지코)만 준비한다면 여행하는 데 큰 문제가 없다. 만약을 위해 전압을 꼭 확인할 것.

옷차림

우리나라에 비해 여름은 더 습하고 겨울은 덜 추운 만큼 계절감에 맞게 옷을 준비해가면 된다. 단 봄은 우리나라보다 늦기 때문에 머플러나 카디건을 더 챙겨가는 것이 좋다.

시간

일본 표준시는 도쿄 135도를 기준으로 하고 있으며 우리나라 표준시와 같은 시간대에 속한다.

현금

현금 사용이 보편적이나 신용카드 사용도 늘어나는 추세다. 대부분의 상점, 음식점에서는 여행자 수표를 사용할 수 없다. 신용카드를 받지 않는 곳도 있기 때문에 항상 현금을 소지하고 있어야 한다. 은행 ATM도 하루 인출 가능 금액이 제한(약 50만 원)되는 곳이 많으며, 비자나 마스터사의 마크가 있더라도 해외에서 발행된 카드는 사용이 안 되는 경우가 많다. ATM의 경우 우체국이나 편의점을 이용하는 것이 편리하다.

교통

열차의 왕국답게 간사이에는 다양한 회사의 전철, 지하철, 열차들이 노선별로 촘촘하게 뻗어 있다. 수많은 대형 사철 회사들이 간사이에서 경쟁하는데, 오사카메트로와 JR, 한큐, 한신, 긴테츠가 대표적이다.
오사카 시내만 둘러본다면 오사카메트로와 JR만으로 충분하다. 오사카 버스는 대부분 주요 역이 있는 난바나 우메다 지역으로의 연결을 담당한다. 배차 시간이 긴 편이니 버스보다 대중적이고 간편한 전철을 추천한다. 택시는 우리나라에 비해 매우 비싸다. 택시 기본 요금은 회사에 따라 560-700엔 정도로 다양하니 미리 확인하고 타는 것이 좋다. 일본 택시 뒷좌석 문은 기사가 조절하는 자동문이므로 마음대로 열거나 닫지 않도록 하자. 오사카 근교 교토나 고베, 다른 도시로의 이동 역시 전철이 가장 빠르고 간편하다. 오사카 주유패스를 구입하면 매번 표를 끊을 필요가 없고 입장료 할인도 되기 때문에 일석이조다.

평균기온과 강수량

오사카 시(市)를 비롯한 오사카 부(府) 는 1년 내내 온난하다. 겨울에도 기온이 영하로 떨어지는 날이 거의 없다. 오사카의 여름은 일본에서도 매우 더운 편에 속한다. 6월 말-7월에는 장마가 있고, 8-10월에는 태풍이 올 때가 있으므로 여행 전 꼭 일기예보를 확인하자.

인구와 면적

오사카는 서일본에서 가장 큰 도시다. 오사카 부 인구는 약 884만 명으로, 일본 인구의 약 7%이며, 도쿄(10%)와 카나가와 (7.2%)에 이어 세 번째로 많다. 오사카 부는 오사카 시를 포함한 시 33개, 정 9개, 촌 1개로 구성되었고, 오사카 시에는 24개의 구(区)가 있으며 이는 도쿄 23구보다도 많은 수치다. 오사카는 효고 현, 교토 부, 나라 현, 와카야마 현과 인접한 곳에 위치해 오래전부터 일본의 경제·상업의 중심지로 발전해왔다.

계절별 즐길 거리

봄 벚꽃 : 일본인들의 벚꽃 사랑은 참 유별나다. 동네 놀이터라도 벚꽃이 만개하면 그 아래에 돗자리를 펴고 꽃놀이를 즐긴다. 벚꽃길을 산책하는 우리나라와는 조금 다른 풍경이다. 오사카의 벚꽃 명소로는 사쿠라노미야 공원과 오사카 성 공원이 대표적이다. 벚꽃 시즌에는 사람들로 붐비는 만큼 좋은 자리를 차지하기 위해서는 일찍 움직여야 한다. 벚꽃이 지고 난 뒤 피는 겹벚꽃도 색다른 느낌이다.
여름 마츠리 : 일본의 종교의식이자 축제인 마츠리는 1년 내내 열리지만 특히 여름에 자주 열린다. 그래서인지 일본 영화나 애니메이션에서 그려지는 여름날 일상으로 마츠리 장면이 등장할 때가 많다. 오사카는 일본에서도 손꼽는 대형 마츠리인 텐진마츠리로 유명하다.
가을 단풍 : 벚꽃 명소인 사쿠라노미야 공원은 가을이 되면 아름다운 단풍길로 변모한다. 오사카 성 부지 내 유료 정원인 니시노마루 정원도 가을 풍경이 일품이다. 오사카 부 스이타 시에 있는 만국박람회 기념공원의 거대한 숲 역시 붉은 물결로 뒤덮인다. 나가이 식물원도 빼놓을 수 없다.
겨울 일루미네이션 : 12월이 되면 오사카를 대표하는 거리인 미도스지에 일루미네이션이 화려하게 펼쳐진다. 구역마다 빛깔이 달라 보는 재미가 있다. 난바파크스 옥상 정원 야경도 유명하다. 거리를 걷고 난 뒤에는 일본식 선술집 이자카야에서 따뜻한 니혼슈(日本酒)로 몸을 녹이자.

Osaka Preview

오사카 미리보기

오사카 시는 서쪽으로
오사카 만과 맞닿아 있으며
주요 시내 지역은 요도가와
강 아래에 위치한다.
여행자들이 많이 찾는 지역은
우메다 역이 있는 중요 상업지구인
키타, 신사이바시스지와 도톤보리 등
쇼핑가가 있는 미나미,
간사이의 환승역인 텐노지,
오사카 시 동쪽에서 새로운 상업지구로
떠오르는 오사카 성 일대,
오사카 만 일대인 베이 에어리어로
나뉜다.

우메다 스카이빌딩

공중정원에서 보는 야경

낭만의 빨간 관람차

텐진바시스지 상점가

키타
Kita

키타(北) 는 말 그대로 오사카 시내 북쪽지역이다. 미나미(南)와 다른 점이 있다면 고층빌딩으로 빼곡하다는 것. 오사카메트로 우메다 역, JR오사카 역을 중심으로 한큐 전철과 JR까지 오가는 교통의 요지다. 각각의 빌딩들이 미로처럼 복잡하게 얽혀 있기 때문에 길을 잃기 쉬우니 주의할 것. 아름다운 공중정원 전망대의 스카이빌딩, 오사카 랜드마크로 불리는 빨간 관람차 헵파이브, 없는 게 없는 쇼핑몰 요도바시카메라, 2013년 오픈한 복합쇼핑몰인 그랜드 프론트 오사카까지 볼거리, 즐길 거리가 넘쳐난다.

주요 명소 : 우메다 스카이빌딩, 헵파이브, 텐진바시스지 상점가

도톤보리 야경

가장 번화하고 활기찬 곳

여행자의 도시

글리코 러너가 있는 도톤보리

미나미
Minami

미나미는 오사카 시내 난바를 중심으로 한 남쪽일대의 번화가로, 서일본에서 가장 번화하고 활기찬 곳이다. 공항 특급 라피트 열차가 출발하는 난카이난바 역은 난바파크스, 난바시티 같은 대형 쇼핑몰과 이어져 있다. 이곳을 중심으로 동쪽에는 덴덴타운과 구로몬 시장이 자리한 닛폰바시가 있고, 북쪽으로는 글리코 러너가 있는 도톤보리를 건너 신사이바시까지 이어진다. 신사이바시 서쪽에는 젊은이들이 활보하는 아메리카무라가 있고, 그 위로는 오렌지 스트리트가 있는 호리에와 미나미센바가 널찍하게 자리한다. 이곳은 세련되고 차분한 분위기가 매력적이며, 오사카 시내는 물론 다른 도시로 이동도 편리해 많은 여행자들이 묵는다. 색다른 분위기의 골목들을 산책하며 현지인들의 숨은 맛집에도 들러보자.

주요 명소 : 난바파크스, 덴덴타운, 도톤보리

시텐노지와 아베노하루카스

어디로든 갈 수 있는 환승역

화려한 네온사인의 거리

도심에서 만나는 사원

100년의 역사 텐노지 동물원

텐노지
Tennoji

미나미에서 남동쪽 텐노지 역을 중심으로 펼쳐진, 난바에 뒤지지 않는 번화가다. 텐노지 역은 간사이 지역 어디로든 갈 수 있는 환승역이라서 언제나 붐빈다. 2014년에는 초고층 빌딩 아베노하루카스가 오픈해 활기를 더하고 있다. 역 주변으로는 마천루 쇼핑 단지가 자리하며, 그곳에서 출발하는 느릿느릿한 트램도 놓치기 아쉽다.

옛 노동자들의 신세계였던, 레트로 스타일 유흥가 신세카이도 들러보자. 100년이 넘는 역사를 자랑하는 텐노지 동물원과 일본의 원조 고층 전망대 츠텐가쿠가 자리한다. 여행 후 즐기는 저렴한 쿠시카츠와 맥주로 하루의 피곤을 잊어보자.

주요 명소 : 신세카이, 아베노하루카스, 시텐노지

오사카 성 천수각

일본 역사의 중심지

시민들이 사랑하는 산책로

봄엔 벚꽃, 가을엔 단풍

오사카 성
Osaka Castle

오사카를 상징하는 대표적인 곳 중 하나로 도요토미 히데요시의 흥망 역사를 고스란히 담고 있다. 현재의 성은 재건된 것으로, 성이라기보다는 성의 모습을 한 박물관에 가까운데 우리에게는 꽤 이국적인 인상을 풍긴다. 성을 둘러싼 오사카 성 공원은 시민들이 사랑하는 산책로로, 봄날이면 꽃놀이하는 사람들로 붐빈다. 공원 안에 위치한 콘서트홀에서는 한류 스타들의 공연이 자주 개최되는데, 오사카 성과 한류 팬이라는 조합이 흥미롭다. 역사에 관심이 있다면 맞은편에 위치한 역사박물관도 알차다. 조용하고 서민적인 분위기의 상점가 카라호리에도 들러보자.

주요 명소 : 오사카 성, 오사카 역사박물관

가이유칸

오사카에서 만나는 바다

고래상어가 눈앞에

사키시마 청사 전망대 야경

베이 에어리어
Bay Area

오사카의 항만 지역 일대로 도심과는 달리 시원하고 쾌적한 분위기를 만끽할 수 있다. 오락 시설들도 분위기에 맞게 큼직한데, 고래상어가 있는 수족관 가이유칸이 대표 볼거리로 꼽힌다. 콜럼버스의 배를 재현한 산타마리아 호를 타고 오사카 항 앞바다를 둘러보며 노을이 지는 바다 풍경도 감상해보자.

모노레일을 타고 난코 지역으로 이동해 사키시마 청사 전망대에서 바다와 오사카 시내를 내려다보는 것도 꽤 새로운 경험이다.

주요 명소 : 가이유칸, 덴포잔 대관람차

만박기념공원 태양의 탑

아사히 맥주공장

오사카 만국박람회

일본 최대 높이 관람차

유니버설 스튜디오 재팬

원피스

해리포터의 호그와트 성

미니언 파크

오사카 북부
Northern Osaka

오사카 시를 벗어나 북쪽, 스이타 시로 가보자. 한큐 전철로 바로 이어져 교통도 편리하다. 여행자들이 들를 만한 곳은 바로 아사히 맥주공장과 만국박람회 기념공원(만박기념공원)! 아사히 맥주공장은 조금 거리가 있긴 하지만 무료 관람에 신선한 생맥주 석 잔을 맛볼 수 있어 놓치기 아쉽다.

일본 만화의 거장 우라사와 나오키의 <20세기 소년>에는 괴상한 모습의 '태양의 탑'이 나오는데 바로 만박기념공원에서 실제로 볼 수 있다. 2015년 엑스포 시티라는 복합 몰이 생기면서 주말이면 사람으로 북적인다. 일본 최대 높이의 관람차와 실내 동물원, 건담숍 등 이색 시설이 가득하다.

주요 명소 : 아사히 맥주공장, 만박기념공원

유니버설 스튜디오 재팬
Universal Studios Japan

유니버설 스튜디오가 제작한 테마파크로 여행자뿐만 아니라 현지인들도 많이 찾는 명소 중의 명소이다. 언제나 사람들이 많아서 혼잡도를 예측하는 앱이 있을 정도다. 핼러윈, 크리스마스 시즌은 그야말로 인기 폭발이며, 코스튬을 갖추고 오는 사람들이 많아서 그 또한 재미난 감상 포인트가 된다. 항상 인기 만점인 해리포터 구역은 물론 최근 오픈한 미니언 파크도 눈길을 사로잡는다. 가장 인기 있는 어트랙션을 타지 못해도 아쉬워하지 말자. 유니버설 스튜디오 재팬의 모든 것이 볼거리다.

OSAKA·NARA LANDMARK
오사카·나라 주요 명소

코스모타워

오사카에서 두 번째로 높은 55층 전망대.
오사카 항만 지역과 오사카 시외 전경을 조망할 수 있다.
지역 베이 에어리어

도톤보리

잠들지 않는 오사카의 번화가. 도톤보리 강을 따라 음식점과 이자카야, 상점이 즐비하다. 에비스바시 다리에서 글리코 러너를 만날 수 있다.
지역 미나미

아베노하루카스

간사이 최고 높이, 360도의 시원한 시야의 58-60층 전망대. 교토와 고베의 롯코 산, 간사이 국제공항까지 볼 수 있다.
지역 텐노지

가이유칸

오키나와 츄라우미 수족관과 함께 일본에서 가장 유명한 수족관으로 유명한 고래상어와 가오리를 만날 수 있다.
지역 베이 에어리어

츠텐카쿠

한때 동양에서 가장 높았던 건물.
화려한 네온사인, 골목골목 술집이 즐비한 신세카이의 랜드마크이다.
지역 텐노지

우메다 스카이빌딩

도심 속 최고 야경 명소인 공중정원이 있는 곳. 옥상의 스카이워크를 돌며 눈부신 오사카의 밤을 체험할 수 있다.
지역 키타

오사카 휠

높이 123m에 달하는 초대형 관람차. 시스루 관람차의 아찔함과 아름다운 오사카 전망을 동시에 경험할 수 있다.

지역 오사카 북부

다이부츠덴

높이 48.74m의 세계 최대 목조 축조 건축물로 유네스코 세계문화유산에 등재되어 있다 .

지역 나라

시텐노지

일본에서 가장 오래된 사찰로 24시간 개방되는 도심 속 휴식지. 일본식 전통 정원을 감상하며 차를 마실 수 있다.

지역 텐노지

태양의 탑

만국박람회를 기념해 세워진 만국기념공원의 탑으로 오사카 사람들이 즐겨 찾는 나들이 명소다.

지역 오사카 북부

오사카 성

오사카의 상징이자 일본 역사의 중심지. 봄엔 벚꽃, 가을엔 단풍을 즐기는 사람들로 언제나 붐빈다.

지역 오사카 성

Question & Answer

오사카·나라 Q&A

우리나라 사람들이 가장 선호하는
일본 여행지 오사카.
하지만 막상 여행을 떠나려 하면
이것저것 준비할 것이 많다.
여행 준비 시 여행 가이드북이나
일본 관광청 등 관련 홈페이지를
우선 참고하자.
이후 오사카 관련 여행 카페나
블로그를 통해 생생한 정보를
얻는 것도 좋다.

Q 오사카·나라 여행, 언제가 좋을까요?

A 오사카가 속한 간사이 지방은 사계절 구분이 뚜렷하다. 벚꽃이 만개하는 3-4월과 단풍철인 11월에는 다양한 축제가 열리지만 항공권이 비싸고 현지 여행객도 몰리는 만큼 숙소를 구하기가 어렵다. 고온다습한 여름에는 체력 안배가 중요하며, 겨울은 해가 빨리 지기 때문에 낮밤에 맞춰 여행지를 구분하는 것이 좋다.

Q 간사이 국제공항에서 오사카 시내로 들어가는 방법을 알려주세요.

A 전철은 JR간사이공항 쾌속과 난카이 전철이 가장 편리하다. 또 오사카 시내와 다른 지역으로 가는 리무진 버스도 다수 운행 중이다. 간사이 국제공항에서 오사카 시내까지는 대략 40-60분 정도 소요되는데, 도로 정체 상황이나 어떤 전철을 타느냐에 따라 조금씩 달라진다.

Q 길거리 흡연이 가능한가요?

A 오사카는 노상 흡연 방지에 힘쓰고 있다. '노상 흡연 금지 구역'에서 흡연할 경우 1,000엔의 과태료가 부과된다. 카페나 술집, 음식점의 경우 흡연이 가능한 곳이 많다. 옆자리의 담배 연기에 놀라지 말자.

Q 오사카 전철에 '여성 전용칸'이 있나요?

A 오사카메트로와 오사카 한큐 전철의 경우 여성 전용칸을 하루 종일 운영한다. 오사카메트로 미도스지센은 6번 칸, 한큐 전철은 5번 칸이다. 오사카 대다수 역의 계단은 5·6번 칸 쪽으로 이어져 급하게 탑승할 경우 '여성 전용칸'일 수 있다.

Q 오사카에서 나라·교토·고베까지 얼마나 걸리나요?

A 오사카를 기준으로 남동쪽에 위치한 나라까지는 JR 야마토지 쾌속선으로 33분(텐노지 기준, 470엔), 긴테츠 쾌속으로는 44분(난바 기준, 560엔) 소요된다. 북동쪽 교토까지는 한큐 특급으로 43분(우메다 기준, 400엔), 케이한 쾌속으로 49분(요도야바시 기준, 410엔) 소요된다. 오사카에서 서쪽에 위치한 고베는 JR신쾌속선으로 20분(우메다 기준, 410엔), 한큐·한신센으로 30분(우메다 기준, 320엔) 소요된다.

Q 난바와 우메다 중 어디에 숙소를 잡는 게 좋을까요?

A 주로 이용하는 전철과 이동 예정인 근교 도시, 선호하는 숙소 형태에 따라 난바와 우메다를 적절히 선택하면 된다. 우메다는 JR로 교토·고베·히메지·와카야마 등을 방문할 예정인 여행자가 좋다. 난바에서는 오사카 시내 곳곳을 연결하는 지하철 미도스지센, 고베로 가는 한신센, 나라로 가는 긴테츠센, 간사이 공항·와카야마 시로 가는 난카이센을 이용할 수 있다. 우메다에 비해 비즈니스호텔, 게스트하우스가 많고 숙박료가 저렴하다.

Q 오사카에서 이용할 수 있는 알뜰한 교통 패스를 알려주세요

A 오사카를 주로 돌아볼 여행자라면 오사카 주유패스와 엔조이 에코카드가 가장 유용하다. 주유패스는 지하철과 시내버스 이용은 물론, 주요 명소 38곳을 무료입장할 수 있다. 1일권(2,500엔)과 2일권(3,300엔)이 있으며 1일권은 3곳 이상, 2일권은 5곳 이상 유료 명소를 방문할 경우 추천한다. 오사카 1일 승차권(평일 800엔·주말 600엔)은 지하철 및 시내버스 탑승과 일부 명소의 입장료 할인 혜택이 포함된다. 유료 명소 여러 곳에 방문할 계획이라면 주유패스, 지하철로 이동이 잦다면 엔조이 에코카드를 선택하는 것이 좋다.

Q 오사카 대표 뷰포인트를 알려주세요

A 오사카 대표 야경 포인트인 우메다 공중정원과 헵파이브는 주유패스로 무료입장이 가능하며 도심에 있어 접근성도 좋다(우메다 공중정원은 주유패스 이용 시 18:00 이전만 무료입장 가능). 높이보다 의미 있는 뷰포인트를 찾는다면 신세카이의 화려한 야경을 내려다볼 수 있는 츠텐카쿠, 오사카 바다를 가까이서 보고 싶다면 직경 100m에 달하는 덴포잔 관람차를 추천한다. 텐노지에 위치한 아베노하루카스는 간사이 최고 높이의 전망대로 맑은 날에는 교토까지 볼 수 있다. 입장료(1,500엔)가 있지만 탁 트인 360도 전망을 볼 수 있다는 것이 큰 장점이다.

Q 오사카 성은 꼭 가야 할까요?

A 오사카 성은 일본 전국을 통일한 도요토미 히데요시가 세운 성으로 일본 역사의 중심지다. 천수각 내부에 있는 박물관은 도쿠가와 가문의 흥망성쇠와 금을 좋아하던 도요토미 히데요시가 만든 황금다실 등 볼거리가 다양하다. 봄에는 벚꽃이 아름다운 니시노마루 정원과 1,300여 그루의 매화나무가 있는 바이린, 여름에는 만발하는 수국, 가을의 붉은 단풍과 겨울의 운치 넘치는 설경도 빼놓을 수 없다. 역사박물관·니시노마루 정원·피스 오사카·천수각 등 오사카 성 일대를 둘러보고 싶다면 한나절 이상, 오사카 성 산책만 하려면 1-2시간 정도로 일정을 잡으면 된다.

Q 오사카 먹방, 제대로 즐길 수 있는 방법이 있나요?

A 오사카에는 '쿠이다오레(くいだおれ)'라는 말이 있다. '먹다가 망한다'는 뜻만큼이나 다양하고 맛있는 먹거리가 많아 일정 잡기가 어려울 정도다. 여행자라면 번화가이자 꼭 한번쯤은 들르게 되는 도톤보리·난바·신사이바시·우메다 역 근처의 맛집을 찾는 것이 편하다. 하지만 번화가의 인기 맛집은 여행자는 물론 현지인까지 몰려들기 때문에 30분에서 1-2시간의 대기가 필수다. 예약이 가능한 식당은 홈페이지나 어플을 통해 미리 예약하는 것이 좋고, 예약이 불가능한 식당이라면 오픈 직후 또는 가장 복잡한 점심시간이 지난 오후 2시 이후에 방문하는 것이 좋다.

어느 음식점에 가야할지 고민된다면 유동 인구가 많은 상점가에 위치한 곳들을 공략해보자. 특히 2.6km에 달하는 텐진바시스지 상점가나 신선한 재료들이 가득한 구로몬 시장, 센니치마에 상점가에서는 기억에 남는 최고의 먹방을 경험할 수 있다.

Q 오사카만의 특별한 쇼핑법을 알려주세요

A 먹을 것만큼이나 쇼핑거리도 무궁무진한 오사카. 짧은 시간에 오사카 쇼핑을 제대로 즐기고 싶다면 대형 쇼핑몰이 몰려 있는 우메다·텐노지 지역, 수백 개 상점이 몰려 있는 신사이바시스지·텐진바시스지 상점가로 가자. 아기자기한 득템의 보람을 느끼고 싶다면 식품·약품·화장품을 한번에 구할 수 있는 잡화점인 돈키호테를 공략하는 것이 좋다. 도톤보리 중심가에 위치한 돈키호테는 계산대가 혼잡하므로, 상대적으로 덜 붐비는 지점을 방문하는 것이 좋다.

면세 혜택을 받을 수 있는 상점을 이용하는 것도 좋다. 면세 혜택은 상점마다 상이하나, 대개 구매 금액 5,000엔(세금 별도)부터 혜택을 적용받을 수 있으며 반드시 여권을 지참해야 한다. 신발 및 가방·의류 등의 비소모품은 쇼핑 후 바로 사용이 가능하지만 화장품·식품·음료·건강식품 등 따로 밀봉 포장을 하는 소모품은 일본 내에서 사용이 불가능하니 기억해두자.

Q 여행 마지막 날 일정은 어디가 좋을까요?

A 여행 마지막 날은 숙소에서 공항으로 이동해야 하기 때문에 무리한 일정은 피하자. 오후 귀국편일 경우 공항으로 이동이 쉬운 지역 위주로 1-2곳 방문 계획을 세우는 것이 좋다. 오사카 성의 경우 아침 9시부터 입장할 수 있어, 구경 후 텐노지 역에서 JR칸쿠쾌속을 이용해 공항까지 이동이 가능하다. 오사카 최대 규모 수족관인 가이유칸의 경우 '가이유 난카이 킷푸(3,010엔, 아동 1,660엔)'을 구입하면 가이유칸 입장과 공항행 난카이센을 이용할 수 있어 경제적이다. 공항까지 스카이 셔틀(20분 소요, 200엔)로 연결되는 린쿠 프리미엄 아웃렛에서 쇼핑을 즐기고 귀국편 비행기에 오르는 방법도 추천한다.

Q 아이들과 함께 가기 좋은 가족 여행지 알려주세요.

A 베이 에어리어의 덴포잔을 방문해보자. 가이유칸, 레고랜드 디스커버리 센터, 산타마리아 유람선, 덴포잔 대관람차, 1900년대 먹자골목을 재현한 '나니와쿠이신보요코초'까지 보고, 즐기고, 먹을거리가 모두 갖춰져 있다. 해리포터와 미니언을 만날 수 있는 유니버설 스튜디오 재팬도 좋다. 사슴을 가까이서 만날 수 있는 나라공원도 가족 여행지로 제격이다.

Q 교통패스는 무조건 구입해야 하나요?

A 오사카에는 다양한 혜택으로 무장한 교통패스들이 많아 여행자의 필수품으로 여겨지지만, 모든 여행자에게 필요한 것은 아니다. 주유패스의 경우 하루 4~5곳 이상의 유료 명소, 간사이 스루패스의 경우 교토·고베·나라 등 3곳 이상의 근교 도시를 방문하지 않는다면 경비만 낭비하게 된다. 그러므로 방문할 명소와 근교 여행지 등의 대략의 일정을 정한 뒤 자신에 맞는 패스를 구입하는 것이 좋다.

일정에 맞는 패스가 없다면 충전해서 사용하는 IC카드를 이용해보자. 간사이 지역에서는 이코카(ICOCA) 카드가 대표적이다.

Q 오사카 여행 시 가장 알뜰하고 유용한 패스는 무엇인가요?

A 최고 인기 패스는 공중정원·돈보리 리버크루즈·헵파이브·덴포잔 관람차·산타마리아 크루즈·오사카 성 천수각 등 유료 시설 38곳의 입장 혜택, 교통수단 무제한 승하차가 가능한 오사카 주유패스이다. 가성비 면에서 무엇보다 훌륭하지만 1일권은 명소 3곳 이상, 2일권은 5곳 이상 방문해야 이득을 볼 수 있다. 입장료가 2,300엔인 레고랜드(아동 동반 필수)와 1,700엔인 산타마리아 유람선을 모두 이용할 예정이라면 무조건 구매하는 것이 좋다.

오사카 1일 승차권은 외국인 전용인 비지터스 패스와 현지인도 이용 가능한 엔조이 에코카드로 구분된다. 비지터스 패스는 우리나라 여행사, 관광안내소에서만 판매하며(600엔), 엔조이 에코카드는 지하철 티켓 발매기에서 쉽게 구입 가능하지만 주말과 평일 요금이 다르다.

Q 오사카에서 나라를 갈 때 가장 좋은 방법과 일정은 어떻게 되나요?

A 오사카난바 역·긴테츠닛폰바시 역 등에서 출발하는 긴테츠센은 약 40분, JR텐노지 역에서 출발하는 JR센은 약 35분이 소요된다. 오사카에서 나라로 이동할 때에는 패스보다 개별 티켓이나 IC카드를 이용하는 것이 저렴하다.

난바에서 나라까지 긴테츠센 왕복 요금은 1,120엔인데 같은 노선을 이용할 수 있는 긴테츠 레일패스 1일권은 1,500엔으로 더 비싸다. JR선도 JR웨스트 레일패스 1일권이 개별 티켓보다 더 비싸다.

Q 나라공원은 도보와 버스 여행 중 어떤 것이 나을까요?

A JR나라 역과 긴테츠나라 역에서 나라공원까지는 걸어서 둘러보기에 충분하다. 일정이 짧거나 체력적으로 힘들다면 시내버스(순환버스 2번)나 역 근처 대여소에서 자전거를 대여(1일 700엔)해 돌아보는 것을 추천한다. 특히 JR나라 역은 긴테츠나라 역보다 공원과의 거리가 도보 20분 정도 더 멀기 때문에 버스나 자전거를 이용하는 것도 좋다.

Q 현지에서 여권 분실 시 어떻게 해야 하나요?

A 여권 분실 시 주재국 경찰기관이나 재외공관에 여권 분실신고를 하고, 경찰기관 발행 분실신고 접수증을 발급받아야 한다. 정규 여권을 발급받을 시간적 여유가 없고 긴급히 여행해야 하는 경우 규정에 준하여 여행증명서를 발급 받을 수 있다.

Osaka·Nara Food

오사카·나라 음식

과거 상업의 중심지였던 오사카는
일본 전국의 다양한 식재료를
접할 수 있던 덕에
'일본의 부엌'으로 불렸다.
노동자들이 간단하게 즐길 수 있는
음식 문화가 발달했으며,
개항 항이었던 고베를 통해
커피와 디저트 등
서양 문화도 유입되었다.

오코노미야키·타코야키
お好み焼き·たこ焼き

오코노미야키와 타코야키는 밀가루나 쌀가루로 만든 음식인 코나몬(粉もん) 문화가 발달한 오사카의 대표 음식이다. 오코노미야키는 '코노미(취향)'와 '야끼(굽다)'의 합성어로 좋아하는 재료를 넣고 밀가루와 반죽한 후 구워 먹는 음식이다. 타코야키는 밀가루 반죽 안에 두툼하게 썬 문어 조각을 넣고 생강, 파, 곤약 등을 넣어 동그랗게 구운 음식이다. 오사카의 라디오야키와 효고의 아카시야키가 합쳐진 형태다.

추천 맛집 : 키지, 후쿠타로, 오모니

라멘 ラーメン

일본을 대표하는 국민 음식 라멘은 지역에 따라 사용하는 재료가 다르고 선호하는 맛도 다르다. 예로부터 물이 좋기로 유명한 간사이 지방은 육수 문화가 발달해 국물의 섬세함과 깊이가 남다르다. 소금으로 간을 하는 깔끔한 육수에 돼지고기, 파, 양배추 등을 고명으로 올리는 것이 오사카 라멘의 특징이다. 나라의 경우 지리적으로 바다와 떨어져 돼지나 닭을 이용해서 만든 라멘이 많다.

추천 맛집 : 산쿠, 라멘 지콘, 멘야 노로마(나라)

우동 うどん

우동 역시 밀 생산지와 가까운 오사카에서 빠질 수 없는 주식 중 하나다. 면보다 국물을 더 중요하게 여겨온 식문화에 일본 3대 우동으로 꼽히는 간사이의 사누키 우동면까지 더해져 오사카 우동은 그야말로 최고의 국물과 면을 자랑한다. 쫄깃한 면발, 다시마와 멸치로 우려낸 육수에 간장으로 간을 해 맑고 시원한 것이 특징이다.

추천 맛집 : 테츠쿠리 우동 라쿠라쿠, 우마미테이 마츠바야, 바쿠안, 니시야

스시 すし

스시는 두말할 나위 없는 일본의 대표 음식이다. 지역에 따라 스시를 만드는 방법이나 그 모습이 조금씩 다른데 오사카, 교토, 와카야마, 나라는 손으로 쥐어 만든 니기리즈시가 아닌, 상자에 밥과 여러 재료를 넣어 감잎으로 싸서 만든 스시를 먹어왔다. 오사카 대표 스시인 하코즈시는 사각형 나무틀에 밥과 생선, 다시마를 넣고 눌러 만들어 간장이나 고추냉이 없이 그대로 먹는 것이 특징이다.

추천 맛집 : 하루코마, 키슈 야이치, 히로스시, 요시노스시

소바 そば

'메밀로 만든 국수'란 뜻의 소바는 뜨거운 국물이나 차가운 간장에 고추냉이, 무, 파 등을 넣고 면을 살짝 찍어 먹는 음식으로 스시와 함께 일본 국민 음식으로 꼽힌다. 흔히들 소바는 간토 지방에서 즐겨 먹는 음식으로 알려져 있지만 '일본의 부엌'이라 불리는 명성에 걸맞게 오사카에도 뛰어난 소바 식당이 많다. 면을 씹기보다는 마시는 느낌으로 먹으면 진정한 소바의 맛을 느낄 수 있다.

추천 맛집 : 타카마, 슈하리, 소바카리 아야메도우

아게모노 あげもの

오사카에서도 돈카츠, 비후카츠, 쿠시카츠 등 아게모노를 맛볼 수 있다. 최고의 쇠고기 산지와 밀접한 덕분에 오래 전부터 쇠고기를 튀겨 먹어왔으며, 규카츠의 원조인 비후카츠 역시 유명하다. 노동자들이 간단히 먹을 수 있도록 꼬치에 고기를 끼워 튀겨낸 음식인 쿠시카츠는 텐노지 다루마에서 처음 선보였다. 지금도 텐노지 근처에는 쿠시카츠 전문점이 많다.

추천 맛집 : 만제, 야에카츠, 에페

돈부리 どんぶり

저렴하고 간단하게 한 끼를 해결할 수 있는 서민 음식인 돈부리는 14세기 밥 위에 여러 종류의 음식을 올려 먹던 것에서 유래했다. 돈부리는 밥그릇보다 더 큰 그릇을 뜻하는 말이지만 지금은 덮밥류를 총칭하는 말로 쓰인다. 쇠고기를 얹은 규동, 돈카츠를 얹은 카츠동, 참치회를 얹은 마구로동, 스테이크를 얹은 스테이크동 등 토핑에 따라 종류가 매우 다양하다. 한 손으로 밥그릇을 들고 젓가락으로 먹어야 더 맛있다.

추천 맛집 : 사카마치노텐동, 혼미야케, 요시토라

야키니쿠 焼肉

'야키(굽다)'와 '니쿠(고기)'의 합성어로 불에 구워 먹는 고기 요리를 뜻한다. 일본은 근대화 이전까지 육식이 발달하지 않았지만 일제 강점기 때 일본으로 끌려가거나 이주한 한인들이 야키니쿠 식당으로 생계를 이어가면서 널리 퍼지기 시작했다. 우리의 불고기와는 달리 미리 양념에 재우지 않고 먹기 전에 양념에 묻혀서 굽는데 갈비, 로스, 대창, 간 등 먹는 부위가 다양한 것이 특징이다. 야키니쿠 식당에선 김치도 흔히 볼 수 있다.

추천 맛집 : 만료, 소라

가정식·카레라이스 家庭料理· カレーライス

일본 가정식은 밥, 국, 메인 요리 한 가지, 보조 요리 두 가지가 기본이다. 밥과 국은 용기를 왼손에 들고 젓가락을 사용해 먹는다. 젓가락은 세워서 사용하며 식사를 마치면 제자리에 두고 뚜껑을 닫는다. 쌀을 주식으로 하는 일본인들의 소울 푸드 중 하나가 바로 카레다. 우메다, 혼마치 등 직장인 유동 인구가 많은 지역에서 카레 전문점을 쉽게 찾아볼 수 있다.

추천 맛집 : 다이코쿠, 텐넨쇼쿠도 카푸, 보타니카리

커피·디저트 コーヒー·デザート

개화기 당시 서양의 케이크 제조 기술을 적극적으로 받아들인 일본에서는 버블 경제를 거치며 보다 고급스러운 디저트 문화가 발달했다. 개항항이던 고베와 가깝고 무역의 중심지였던 오사카에서도 디저트는 빠른 속도로 발전했다. 간사이에는 일본 커피의 대표 브랜드인 UCC가 있으며, 센니치마에에 위치한 마루후쿠 커피는 1934년부터 지금까지 오사카 커피의 전통을 이어오고 있다.

추천 맛집 : 아시도라시느, 레구테, 마루후쿠커피

가키노하즈시 柿の葉寿司

가키노하즈시는 내륙인 나라의 특성에 맞게 고안된 초밥이다. 생선의 부패를 방지하고 발효시키기 위해 살균 효과가 있는 감잎으로 스시를 감싸는 것이 특징으로 감잎에서 나오는 향과 초밥의 조화가 훌륭하다. 주로 연어, 고등어, 도미를 주로 사용하며 간이 되어 있어 간장이나 고추냉이 없이 즐길 수 있다. 감잎을 벗겨서 먹는 재미도 쏠쏠하다.

추천 맛집 : 이자사, 가키노하즈시 히라소우

쿠즈 요리 葛料理

단풍과 벚꽃 명소로 유명한 요시노 산은 나라의 특산물, 그 중에서도 칡의 원산지로도 잘 알려져 있다. 요시노 산 주변 식당에서는 흔히 칡으로 만든 우동이나 화과자, 찹쌀떡 등을 맛볼 수 있다. 건강에도 좋고 식감도 좋은 나라의 명품 칡 요리를 즐겨보자.

추천 맛집 : 쿠즈야 나카이 후우도, 텐교쿠도나라

야마토 야사이 大和野菜

'나라의 채소'를 뜻하는 야마토 야사이는 나라 지역에서 재배해 먹어온 30여 종의 채소를 지정하여 브랜드화 한 것이다. 다른 지역에서 찾아보기 어려운 고유종으로 모양도 색도 독특하다. 채소 요리의 인기를 방증하듯 나라마치를 중심으로 전통 채소를 이용한 정식 요리 식당이 많이 생겨나고 있다.

추천 맛집 : 준사이 히요리, 아와

빙수 かき氷

나라공원에 있는 히무로 신사(氷室神社)는 얼음 신을 모시는 곳으로 얼음 보관소가 자리해 있었다. 매년 봄 히무로 신사에서 열리는 빙수 축제에는 일본 전역에서 단 6곳의 빙수 가게만이 초청받아 맛을 뽐낸다. 긴테츠나라 역 근처나 나라마치 상점가에서 빙수 전문점을 쉽게 접할 수 있다.

추천 맛집 : 호우세키바코, 오차노코

OSAKA FOOD ITEM
오사카 선물용 간식

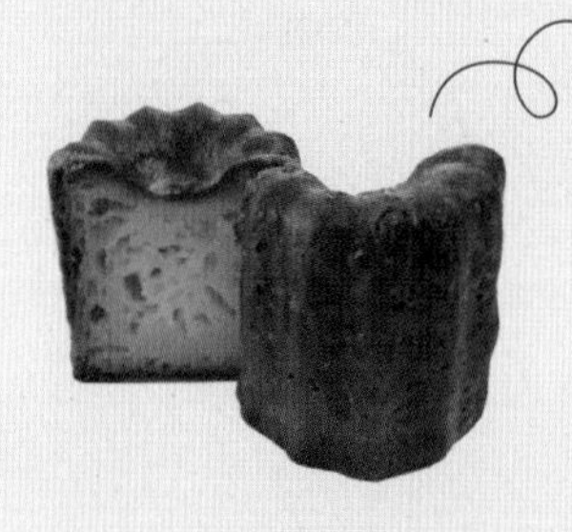

양과자점 다니엘 '카누레'

ダニエル / カヌレ

프랑스 보르도 지방의 전통 과자인 카눌레(Cannele)를 플레인·초콜릿·녹차 등 다양한 맛으로 즐길 수 있는 한 입 사이즈의 양과자

다니엘 오사카 루쿠아점, 10개입 1,080엔

한큐우메다 본점 한정 「TANEBITS」

阪急うめだ本店限定「TANEBITS」

일본 국민 안주로 유명한 카메다 제과의 감씨 과자와 한큐우메다 본점이 컬래버레이션해 만든 프리미엄 맥주 안주

한큐우메다 본점, 15g(4봉) 540엔

쿠이다오레 타로 푸딩

くいだおれ太郎プリン

도톤보리의 상징 쿠이다오레 타로를 디자인화한 푸딩으로 캐러멜 소스와 부드러운 푸딩의 맛이 조화롭다. 푸딩을 먹고 난 후 모자는 키홀더나 장식용으로 사용 가능해 더욱 인기다.

도톤보리 쿠이다오레 기념품점, 3개 1,180엔

글리코 CRATZ 쿠시카츠 맛

クラッツ

글리코의 인기 과자 크라츠가 오사카 명물 튀김 꼬치 맛으로 재탄생했다. 바삭바삭한 식감과 매콤한 풍미로 맥주와 궁합이 최고다.

도톤보리 기념품점, 6봉 500엔

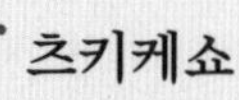

츠키케쇼

月化粧

연 판매 1,000만 개에 달하는 서양식 화과자이다. 홋카이도산 버터를 넣은 우유 소가 촉촉하고 깊은 풍미를 자랑한다. 남녀노소 모두에게 인기가 높다.

츠키케쇼 난바점, 6개입 800엔

치도리야소우케 미다라시당고

千鳥屋宗家 みたらし小餅

인기 화과자점 치도리야의 간사이 한정 상품. 쫀득쫀득한 식감과 달콤한 흑당의 조화가 손을 뗄 수 없게 만든다.

12개입 670엔

오모시로이코이비토

面白い恋人

오사카 특유의 익살스러운 재치가 담긴 재미있는(오모시로이) 과자. 바삭바삭한 과자 사이에 크림이 들어 있으며 바닐라 크림·커피·초코 바나나 등 계절에 따라 여러 가지 맛을 선보인다.

도톤보리 기념품점 16개 1,080엔

리쿠로오지상 치즈케이크

りくろーおじさん 焼きたてチーズケーキ

리쿠로 아저씨 낙인이 트레이드 마크인 치즈케이크. 폭신한 식감과 저렴한 가격으로 30년 동안 꾸준한 사랑을 받고 있다.

6호(18cm) 695엔

USJ 해리포터 백미 빈즈

ハリーポッターの百味ビーンズ

USJ의 방문객이라면 반드시 구매하는 인기 기념품으로 영화 해리포터 시리즈에 등장한 백미 빈즈의 맛을 그대로 재현했다. 새콤달콤한 과일 맛과 상상 이상의 특이한 맛까지 호기심을 자극한다.

1,800엔

그랜드 가루비

グランカルビー

유명 제과회사 'calbee'와 한큐우메다가 컬래버레이션해 만든 한정 상품. 엄선한 감자를 두툼하게 잘라 바삭함과 풍미를 극대화시켰다. 소금 맛과 홋카이도 버터 맛이 최고 인기다.

각 580엔

금박 소프트크림 金箔ソフトクリーム

금박에 싸인 화려한 소프트크림

더 코나몬 바 리큐 THE KONAMON BAR RIKYU

시간 : 9:00-17:30 / **전화** : 06-6484-9455

주소 : 大阪市中央区大阪城1-1 MIRAIZA OSAKA-JO 1F / **지도** : 286쪽

스무디 スムージー

좋아하는 색으로 맛보는 예술 스무디

제이티도 카페 JTRRD Café

시간 : 12:00-17:00 / **전화** : 06-6882-4835

주소 : 大阪市北区天満3-4-5 タツタビル1F / **지도** : 286쪽

에코프레소 エコプレッソ

쿠키로 만들어진 컵에 담긴 에스프레소

얼 제이 카페 R·J CAFÉ(Earl Jay Cafe)

시간 : 월-금 9:00-21:00, 화 9:00-15:00, 토 11:30-21:00, 일 11:30-18:00

전화 : 06-6809-7502 / **주소** : 大阪市北区天満3-2-1 / **지도** : 286쪽

소프트크림 온 더 머랭

ソフトクリームオンザメレンゲ

입 안에서 살살 녹는 크림과 아삭아삭한 머랭

후지 프랑스 Fujifrance

시간 : 11:00-21:00 / **전화** : 06-6809-7008

주소 : 大阪市都島区東野田町2-1-38 京阪モール本館 1F ノーステラス / **지도** : 286쪽

리트머스 시험지 빙수 リトマス試験紙氷

레몬을 뿌리면 색깔이 변하는 허브티 시럽이 뿌려진 빙수

카키고리 호우세키 바코 kakigori ほうせき箱

시간 : 10:00-20:00 / **전화** : 742-93-4260 / **주소** : 奈良市餅飯殿町47 / **지도** : 288쪽

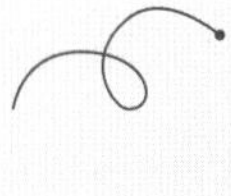

케이크 파르페 ケーキパフェ

케이크와 파르페를 한번에

미올 MIOR 梅田三番街店

시간 : 월-목 10:00-22:00, 금·토·공휴일 전날 10:00-23:00 / **전화** : 06-6373-4885

주소 : 大阪市北区芝田1-1-3 梅田三番街1F / **지도** : 284쪽

애니멀 케이크 アニマルケーキ

고양이, 토끼, 곰, 공룡 모양의 동물 케이크

타이노우 토우 Café Taiyo no Tou

시간 : 월-금 11:00-24:00, 토·일·공휴일 10:00-24:00 / **전화** : 06-6644-2901

주소 : 大阪市中央区難波5-1-60 なんばCITY なんばカーニバルモール

지도 : 285쪽

와플콘 스무디

ワッフルコーンスムージー

새콤달콤한 딸기와 달달한 솜사탕, 고소한 콘의 조화

카페 앤 북스 비블리오떼끄 cafe & books bibliotheque

시간 : 11:00 - 23:30 / **전화** : 06-4795-7553

주소 : 大阪市北区梅田1-12-6 イーマ B1F / **지도** : 284쪽

코튼 캔디 コットンキャンディ

크고 화려하고 부드러운 솜사탕. 모자처럼 쓰고 사진을 찍는 것이 팁!

토티 캔디 팩토리 TOTTI CANDY FACTORY

시간 : 월-금 11:00-20:00, 토·일·공휴일 10:00-20:00

전화 : 06-6210-3928 / **주소** : 大阪市中央区西心斎橋2-11-9

지도 : 285쪽

아트 팬케이크 & 아트 프렌치토스트

アートパンケーキ&アートフレンチトースト

주문대로 그림을 그려주는 특별한 팬케이크

아트 앤 스위츠 시카 art&sweets cica

시간 : 10:00 - 22:00 / **전화** : 050-5890-2442

주소 : 大阪市中央区谷町6-3-25 1F / **지도** : 286쪽

Best Course
추천 코스

처음 오사카를 방문한다면
3박 4일 일정이 무난하다.
주요 스폿을 돌아보며
알찬 쇼핑까지 즐겨보자.
오사카 주요 명소 무료입장과
대중교통을 이용할 수 있는 주유패스를
활용해 코스를 짜는 것도 좋다.
사슴공원으로 유명한 나라는
한나절 일정으로
여행 둘째 날 또는 마지막 날 방문하자.
오사카 여행이 처음이 아니라면
이마이초를 방문해보는 것도 추천한다.

3박 4일 실속 코스

DAY 1

11:00 간사이 국제공항 도착
12:00 입국 심사 후 시내로 이동
13:00 점심식사 및 숙소 체크인
15:00 구로몬 시장, 덴덴타운
16:00 신세카이, 츠텐카쿠
18:30 저녁식사, 아베노하루카스 야경

DAY 2

8:00 유니버설 스튜디오 재팬으로 이동
9:00 유니버설 스튜디오 재팬 즐기기, 점심식사
21:00 숙소 이동

TIP. 유니버설 스튜디오에서는 익스프레스 패스를 이용하면 대기 시간을 줄일 수 있다. 익스프레스 패스를 이용하지 않는다면 도착 후 최고 인기 어트랙션부터 서둘러 이용하자.

DAY 3

10:00 오사카 성, 오사카 성 공원
13:30 덴포잔 마켓 플레이스, 점심식사
15:00 가이유칸 또는 아사히 맥주공장
18:00 난바 시티, 난바파크스
19:30 저녁식사, 신사이바시스지 상점가
21:00 도톤보리 야경

DAY 4

11:00 숙소 체크아웃 후 린쿠타운으로 이동
12:00 린쿠타운 쇼핑 및 점식식사
15:00 간사이 공항(스카이 셔틀버스)으로 이동

3박 4일 주유패스 알뜰 코스

DAY 1

11:00 간사이 국제공항 도착
12:00 입국 심사 후 시내로 이동
13:00 점심식사 및 숙소 체크인
15:00 만박기념공원
19:00 저녁식사, 아베노하루카스 야경

TIP. 아베노하루카스 입장권은 국내에서 저렴하게 구입할 수 있다. QR 코드로 입장이 가능해 편리하다.

DAY 2

10:00 주택박물관
11:30 오사카 성, 오사카 성 공원, 역사박물관
14:00 베이 에어리어로 이동 후 점심식사
15:30 산타마리아 호 탑승
17:00 덴포잔 대관람차
19:30 코스모타워 전망대 야경

DAY 3

9:30 츠텐카쿠
10:30 텐노지 동물원
13:00 점심식사
14:00 돈보리 리버크루즈, 도톤보리
17:00 우메다 스카이빌딩 공중정원
19:00 저녁식사
20:30 헵파이브 관람차 탑승

DAY 4

11:00 숙소 체크아웃 후 난바 시티, 난바파크스로 이동
12:30 타카시마야 백화점, 점심식사
15:00 간사이 공항으로 이동

아이와 함께 주유패스 1일 코스

9:30 오사카 시립과학관
11:00 텐노지 동물원
12:30 점심식사
14:00 가이유칸 또는 레고랜드 디스커버리 센터
16:00 산타마리아 데이 크루즈
17:00 덴포잔 대관람차
18:00 저녁식사 및 쇼핑

TIP. 비가 올 경우 실내 공간인 레고랜드 디스커버리 센터를 추천한다. 레고랜드의 경우 어린이 동반 시 주유패스로 성인 입장이 가능하다. 가이유칸의 경우 입장료가 비싸기 때문에 주유패스나 가이유 킷푸를 구입해 이용하는 것을 추천한다.

부모님과 함께 주유패스 1일 코스

9:00 시텐노지
11:00 오사카 성, 천수각
12:30 오사카 역사박물관
13:00 점심식사
14:00 오사카 시립 동양도자기 미술관
16:00 주택박물관
17:00 천연온천 나니와노유
19:00 저녁식사

TIP. 우메다에서 이동하기 쉬운 나니와노유 온천을 방문해보자. 주유패스 소지 시 입욕료가 무료다.

오사카+나라 3박 4일 실속 코스

DAY 1

11:00 간사이 국제공항 도착
12:00 입국 심사 후 시내로 이동
13:00 점심식사 및 숙소 체크인
15:00 구로몬 시장, 덴덴타운
16:00 신세카이, 츠텐카쿠
18:30 저녁식사, 아베노하루카스 야경

DAY 2

9:00 나라로 이동
10:00 도다이지, 나라 국립박물관, 고후쿠지, 나라공원
14:00 점심식사
15:30 오사카로 이동
17:00 가이유칸 관람
19:30 신사이바시스지 상점가, 도톤보리 야경

DAY 3

10:00 주택박물관 관람
11:30 오사카 성, 천수각 고자부네 놀잇배
15:00 돈보리 리버크루즈
17:30 우메다 스카이빌딩 공중정원
19:00 저녁식사
20:30 헵파이브 관람차 탑승

DAY 4

11:00 체크아웃 후 베이 에어리어로 이동
12:00 덴포잔 마켓 플레이스, 점심식사
14:00 덴포잔 대관람차
15:00 간사이 공항(리무진)으로 이동

나라 1일 코스 A

9:00 숙소에서 출발
10:30 호류지
12:00 나라 역 도착 , 점심식사
13:30 도다이지, 나라 국립박물관, 나라공원, 고후쿠지

TIP. JR을 이용해 호류지와 나라 역을 이동하며 호류지와 나라공원을 둘러보자. JR나라 역에서 나라공원 이동 시에는 순환버스를 이용하는 것이 좋다. 도다이지까지 버스로 이동 후 도다이지, 나라 국립박물관, 나라공원, 고후쿠지, 긴테츠나라 역 순서로 둘러보자.

나라 · 이마이초 1일 코스 B

9:00 숙소에서 출발
10:30 이마이초
12:30 나라 역 도착, 점심식사
13:30 도다이지, 나라 국립박물관, 나라공원, 고후쿠지

TIP. 이마이초가 있는 야마토야기 역은 긴테츠 특급과 긴테츠오사카센·긴테츠교토센 등을 이용할 수 있다. 오사카난바 역에서 츠루하시로 이동해 긴테츠오사카센을 타면 560엔, 오사카난바 역에서 특급을 타면 1,130엔이 든다. 야마토야기 역에서 긴테츠나라 역으로 이동 시 야마토사이다이지(大和西大寺)에서 긴테츠나라센으로 환승하면 된다.

주유패스로 즐기는 오사카 여행

주유패스는 오사카의 관광 명소 약 38곳을 무료로 입장할 수 있는 바코드, 오사카메트로와 버스를 무제한 이용할 수 있는 승차권, 25개 시설과 73곳의 상점에서 할인 및 특전을 받을 수 있는 '토쿠(TOKU×2)' 쿠폰 가이드북(시설 정보와 지도 포함)이 포함된 관광 승차권이다.

1·2일권(2,500엔·3,300엔)

오사카메트로, 오사카 시티버스 전 노선(일부 노선 제외), 오사카 시내를 운행하는 한큐·한신·게이한·긴테츠·난카이 전철을 해당 일별로 사용 가능. 단, 2일권은 연속 2일만 사용 가능하며, 오사카메트로와 오사카 시티버스(일부노선 제외)를 이용할 수 있다.

발매장소 : 오사카메트로 역 정기권 발매소, 오사카 관광안내소, 난바 관광안내소, 간사이 투어리스트 인포메이션 센터 다이마루 신사이바시, 간사이 투어리스트 인포메이션 센터(제1·2터미널), 사철 주요 역

만국박람회 기념공원판 1일권(2,950엔)

오사카 시내를 중심으로 한 지역에서 무제한 승차가 가능한 '오사카 지역판'에 만박기념공원 주변의 특전과 교통편을 추가한 버전.

발매장소 : 오사카메트로 역 정기권 발매소, 오사카 관광안내소, 난바 관광안내소, 간사이 투어리스트 인포메이션 센터 다이마루 신사이바시, 간사이 투어리스트 인포메이션 센터(제1·2터미널), 간사이 투어리스트 인포메이션 센터 교토, 키타오사카 급행 센리추오 역, 모노레일 반파쿠키넨코엔 역

무료입장 시설

우메다 스카이빌딩 공중정원 전망대, 오사카 시립 주택박물관, 헵파이브 관람차, 돈보리 리버크루즈, 나카노시마 리버크루즈, 오사카 수상버스 아쿠아라이너, JAPAN NIGHT WALK TOUR, 천연온천 나니와노유, 천연 노천온천 스파 스미노에, 오사카 성 천수각, 오사카 성 고자부네 놀잇배, 오사카 성 니시노마루 정원, 덴포잔 대관람차, 레고랜드 디스커버리 센터, 범선형-관광선 산타마리아 데이·트와일라이트 크루즈, 사키시마 코스모타워 전망대, 츠텐카쿠, 시텐노지, 텐노지 동물원, 오사카 시립 자연사박물관, 만국박람회 기념공원 등

주요 특전 시설

오사카 수상버스 아쿠아라이너, 츠텐카쿠 특별 전망대, 난바 그랜드 카게츠, 돈키호테 도톤보리점 관람차, 키즈플라자 오사카, 가이유칸, 스파월드 세계의 대온천, 하루카스 300, 만국박람회 기념공원 니후레루 등

이용방법

1. 카드 승차권으로 전철과 버스 이용하기

카드 승차권을 자동개찰기에 통과시킨 후부터 24시간 동안(2일권은 연속 2일간) 전철과 버스를 마음껏 이용(이용일 첫차-막차 기준)

2. 카드 승차권으로 시설 이용하기

시설 창구에서 카드 승차권을 제시하면 약 35개 이상의 시설을 각 시설 1회에 한해 무료로 이용 가능. 승차권 이용일(2일권은 연속 2일간)에만 유효. 단 2일권도 동일한 시설은 이틀간 1회만 무료로 사용 가능하며 전철·버스의 이용과 시설의 무료입장은 같은 날에 해당

3. 명소와 음식점, 상점에서 특전 받기

카드 승차권을 제시하고 'TOKU×2' 쿠폰을 잘라서 제출하면 약 25개 명소와 음식점, 상점에서 다양한 특전 혜택을 받을 수 있음

Pass & Ticket
오사카·나라 교통패스

패스 구입은 일정을 정하고 난
뒤에 구입하자.
숙소의 위치, 가고자 하는 명소,
방문 예정인 근교 도시 등의
일정에 맞는 패스나 티켓을 구입해야
경비를 아낄 수 있다.
또 국내와 현지에서 판매하는
패스의 종류와 요금이 다르니
미리 알아보고 선택하자.

오사카 1일 승차권 大阪1日乗車券

오사카 시 교통국 소속의 교통수단을 1일간 무제한으로 탑승할 수 있다. 하루 지하철 탑승 횟수가 3~4회 이상이라면 구매하는 것이 좋다. 국내에서 구매할 수 있는 외국인 전용의 '비지터스 패스'와 오사카 현지에서 구매할 수 있는 '엔조이 에코카드' 두 종류가 있으며 혜택은 동일하다.
단 비지터스 패스는 국내 여행사 또는 오사카 시 관광안내소에서만 구매가 가능하며, 엔조이 에코카드는 오사카메트로 전역에서 구입할 수 있지만 주중과 주말 요금이 다르다.

요금 : 비지터스 패스 600엔, 엔조이 에코카드 국내 600엔(약 6,000원), 오사카 내 주중 800엔·주말 600엔 / **혜택** : 오사카 시 교통국 소속 교통수단(메트로·뉴트램·시내버스) 1일 무제한 탑승 / **판매처** : 관광안내소, 오사카 시 교통국(오사카메트로 전역) 티켓 발매기

오사카 가이유 킷푸 OSAKA海遊きっぷ

오사카 최대 규모 수족관인 가이유칸 입장권과 오사카 1일 승차권 혜택이 결합된 티켓으로, 가이유칸 입장과 가이유칸까지의 왕복 교통비만으로도 본전을 챙길 수 있다. 다른 관광지보다 가이유칸 방문이 우선인 여행자와 아동용 패스를 활용할 수 있는 가족 여행객에게 유리하다. 난카이·긴테츠·한큐·한신·케이한 등의 사철과 결합한 확장 패스도 있어 하루에 타지역 이동과 가이유칸 입장을 모두 계획한 경우 사용하기 좋다.

요금 : 오사카 시내판 2,550엔, 긴테츠판2(가이유칸·나라) 3,580엔, 난카이판(가이유칸·간사이 공항·린쿠타운) 3,010엔, 한큐판(가이유칸·교토·고베) 2,960엔 / **혜택** : 가이유칸 입장, 오사카 시 교통국 소속 교통수단(메트로·뉴트램·시내버스) 1일 무제한 탑승 / **판매처** :

오사카 시내판-오사카 교통국, 관광안내소, 긴테츠판 2 - 긴테츠센 주요 역, 난카이판-난카이 주요 역, 한큐판 - 한큐 주요 역

요코소 오사카 킷푸 ようこそ大阪きっぷ

간사이 공항에서 오사카 시내 방면으로 가는 라피트 특급열차 편도 티켓과 오사카메트로 1일 승차권이 결합된 티켓으로 정상가보다 25% 저렴하다. 단 라피트 편도 티켓은 간사이 공항에서 시내 방면으로만 사용 가능하다. 국내 여행사에서 미리 구매하거나 간사이 공항 난카이 매표소에서 구입 가능하다.

요금 : 성인 1,650엔, 아동 830엔 / **혜택** : 간사이 공항 발 시내 방면 라피트 특급 티켓 1매, 오사카 시 교통국 소속 교통수단(메트로·뉴트램·시내버스) 1일 무제한 탑승 / **판매처** : 국내 여행사, 소셜 커머스, 간사이 공항 난카이 매표소

칸쿠치카토쿠 킷푸 関空ちかトクきっぷ

간사이 공항에서 난바까지 난카이 급행 편도 티켓과 오사카메트로 1회 승차권이 결합된 티켓이다. 공항에서 난바까지 난카이 전철과 오사카메트로를 이용해 이동하는 요금보다 저렴하다. 구입 당일 사용, 반드시 난바 역을 통해 오사카 시내로 이동해야 한다. 공항에서 시내 방향만 가능한 요코소 오사카 티켓과 달리 공항과 시내 양방향에서 모두 이용 가능하다.

요금 : 성인 1,000엔, 아동 500엔 / **혜택** : 간사이 공항 발 난바 역 방면 난카이 급행 티켓 1매, 오사카메트로 1회 티켓 / **판매처** : 간사이 공항 역 난카이 매표소, 오사카메트로 역 발매기(난바·히가시우메다·덴가차야 제외)

간사이 스루패스 KANSAI THRU PASS

JR을 제외한 간사이 지역의 전철·지하철·버스를 모두 이용할 수 있는 패스로 오사카·교토·나라·고베·히메지·고야 산·와카야마까지 폭넓게 이용 가능하다. 비연속 사용이 가능해 특정일에 이용할 수 있으며, 시외를 연결하는 전철뿐 아니라 오사카와 교토의 지하철 및 버스도 이용할 수 있어 편리하다. 오사카를 중심으로 2~3일 동안 시외를 3곳 이상 여행하는 경우 추천한다.

요금 : 2일권 4,000엔, 3일권 5,200엔 / **혜택** : 간사이 지역 지하철·전철(JR 제외)·버스 무제한 승차, 특전 시설 할인 / **판매처** : 국내 여행사, 소셜 커머스, 투어리스트 인포메이션 센터(간사이 공항·교토·다이마루 신사이바시), 난카이 전철 간사이 공항 역 창구, 난바 관광안내소, 한큐 투어리스트 센터 우메다, 빅카메라 난바점 등

JR 간사이 미니 패스 JR KANSAI MINI PASS

오사카·교토·고베·나라 지역의 JR보통·쾌속·신쾌속 열차를 무제한 승차할 수 있는 JR 전용 패스다. 3일 동안 간사이 주요 지역을 다닐 수 있는 가장 저렴한 패스로 사철보다 다소 요금이 비싼 JR 전철을 무제한 탈 수 있는 것이 최대 장점이다. JR 역과 인접한 숙소를 중심으로 오사카·고베·나라·교토를 두루 돌아볼 경우 추천한다. 단 일본 현지에서는 구입할 수 없으므로 반드시 국내에서 미리 구입해야 한다. 또한 하루카·신칸센 등 특급열차는 이용이 불가능하며, 하루카 이용 시 추가 금액을 지불해야 지정석 탑승이 가능하다.

요금 : 3일권 3,000엔 / **혜택** : 간사이 지역 JR 전철 무제한 탑승(히메지는 추가 요금 발생) / **판매처** : 국내 여행사, 소셜 커머스

언제라도 오사카

PLUS 나라·호류지·이마이초

天五子供
天五子供

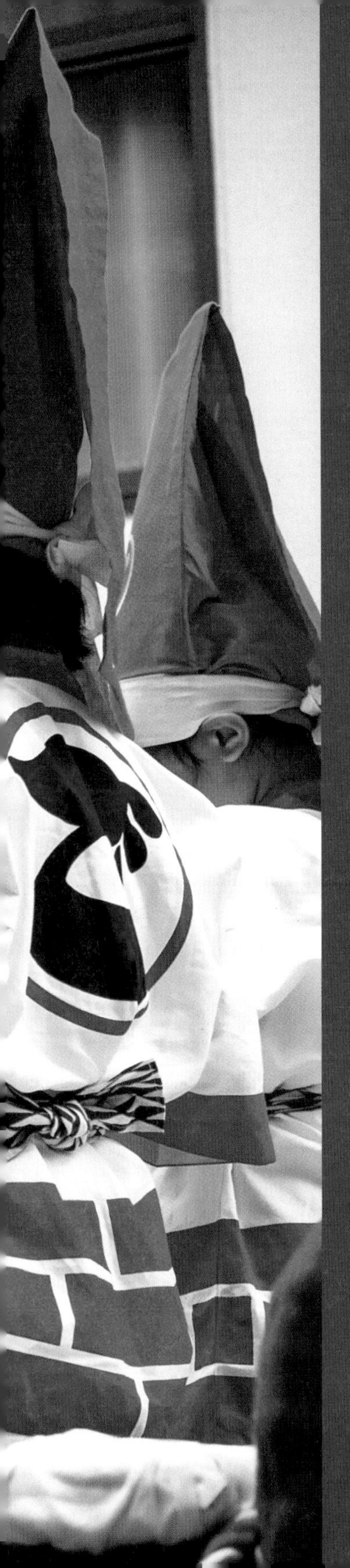

키타

Kita

가는 방법

간사이 국제공항 제1터미널 ── 리무진 버스 (55분, 1,550엔) ── 신한큐 호텔

간사이 국제공항 ── 난카이 공항선·본선 (50분, 치카토쿠킷푸 1,000엔) ── 난카이난바 역

난카이난바 역 ── 도보 7분 ── 난바 역

우메다 역 ── 미도스지센(8분) ── 난바 역

JR간사이쿠코 역 ── JR간사이 공항선 (75분, 1,190엔) ── JR오사카 역

주요 역

오사카메트로 우메다 역, JR오사카 역, 한신우메다 역, 한큐우메다 역

우메다 역에서 도보 소요 시간

우메다 스카이빌딩 15분, 헵파이브 5분, 텐진바시스지 상점가·주택박물관 20분, 나카자키초 10분

우메다 스카이빌딩 & 공중정원 전망대 눈부신 오사카의 밤

梅田スカイビル, 우메다스카이비루 &
空中庭園展望台, 쿠추테이엔텐보다이

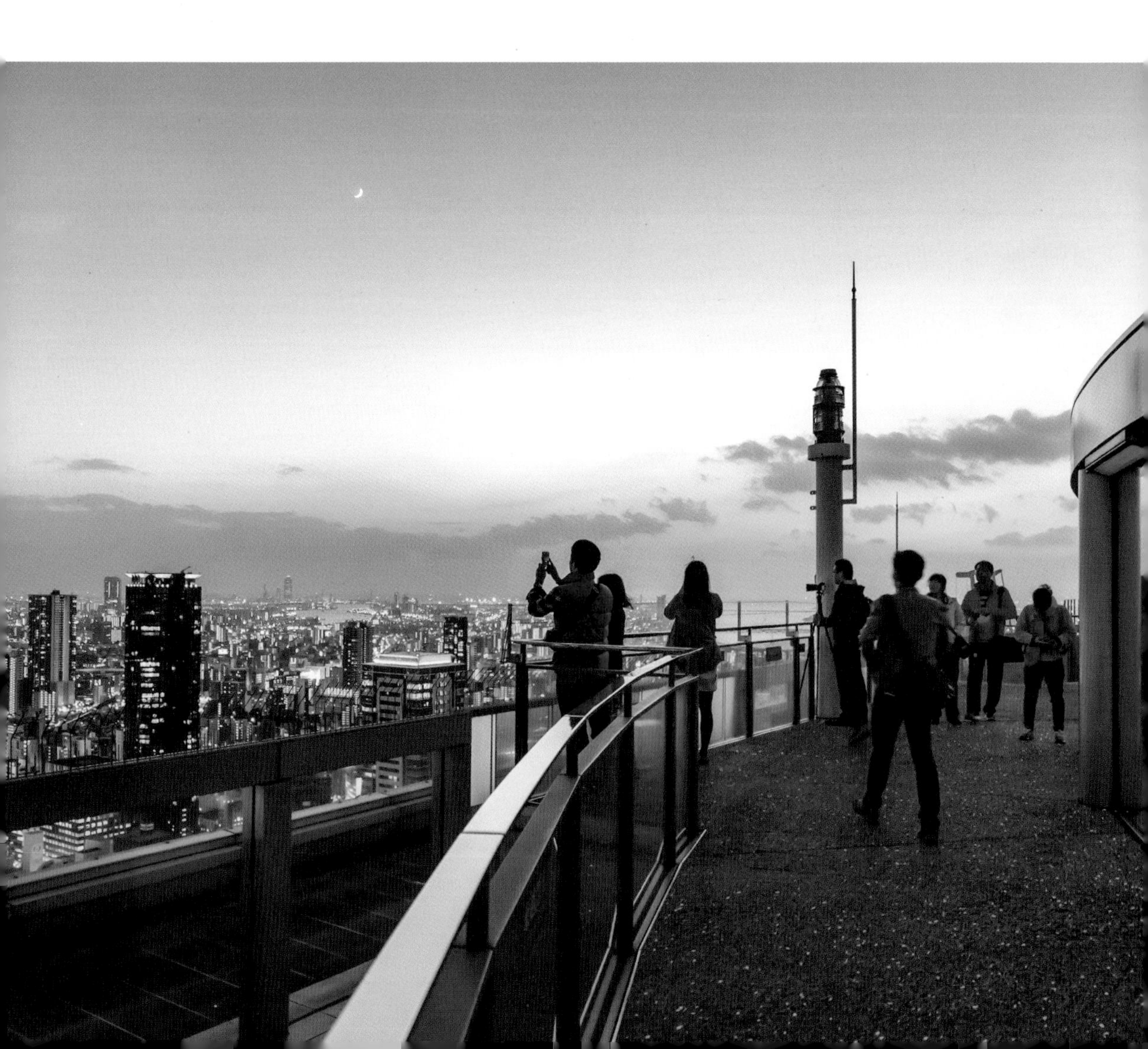

우메다 스카이빌딩은 오사카 키타 지역의 대표적인 관광지이자 복합 건축물이다. 고층건물 2채가 공중에서 연결되어 있는 독특한 건축물로, 오사카의 랜드마크 중 하나다. 지상 40층, 지하 2층, 173m의 높이로 1993년 완공됐다. 영국의 〈더 타임스〉가 'Top 20 buildings around the world'에 인도의 타지마할, 시드니 오페라하우스 등과 함께 선정했고, 개업 후 누적 방문자가 1,500만 명을 넘어섰을 정도로 유명세가 대단하다.

이곳에 관광객이 몰리는 이유는 단연 공중정원 전망대 때문이다. 꽃과 나무가 가득했다는 '바빌론의 공중정원'을 떠올리는 사람도 있겠지만, 우메다 스카이빌딩의 공중정원은 오사카 시내가 한눈에 내려다보이는 현대적인 디자인을 자랑한다. 옥상 개방형이기 때문에 시원한 바람을 직접 맞으며 풍경을 감상할 수 있다. 360도로 모든 방향을 볼 수 있게 만든 원형 복도 '스카이워크'를 한 바퀴 돌아보면서 우메다의 야경과 요도가와 강, 멀리 보이는 오사카 만을 감상해보자. 밤이 되면 발 아래로 몽환적인 '루미 스카이워크'가 빛을 발한다. 해 질 녘의 풍경 역시 일품이다. 단 바람이 너무 강한 날에는 모자나 우산이 날아갈 수도 있으니 주의하자.

1 전망대 에스컬레이터
2 전망대 내부에서 바라본 모습
3 전망대에서 본 오사카 야경

옥상 전망대 한편에는 수많은 자물쇠가 걸린 울타리와 빨간색 커플 의자가 있다. 이곳의 이름은 '루미데키(ルミデッキ)'로, 스카이빌딩을 찾은 커플들이 인증샷을 남기려 몰려드는 곳이다. 끝도 없이 걸려 있는 하트 모양의 자물쇠는 'Heart Lock' 혹은 '치카이노카기(誓いの鍵, 맹세의 자물쇠)'로 불린다. 사랑하는 사람과의 추억을 오사카 하늘에 두고 오고 싶다면, 이름과 날짜를 새길 수 있는 자물쇠를 구입하자.

한 층 아래의 실내 전망대에서는 아늑하고 차분하게 풍경을 감상할 수 있다. 커플용인 에스카루고·캬빈(エスカルゴ・キャビン, 달팽이 오두막)과 가족용 벤치 등 다양한 의자가 배치되어 있다. '카페 스카이 40'에서는 과일 주스, 커피, 맥주 등을 350~600엔대로 즐길 수 있다.

4 커플용 의자가 있는 실내 전망대
5 일본 골목을 재현한 타키미코지
6 루미데키와 맹세의 자물쇠

카페 반대쪽의 '공중정원 대명신(空中庭園大明神. 쿠추테이엔다이묘진)'에서 연애 성취를 기원하면 이루어진다고 한다. 한 층 아래 '갤러리 숍39'에서는 공중정원만의 한정 상품 등을 판매하고 있다. 스카이빌딩 3D 퍼즐(1,620엔), 공중정원 300피스 퍼즐(1,080엔), 딸기·초코·크림 3가지 맛의 고프르(ゴーフル) 등이 인기다.

스카이빌딩은 특히 지하의 '타키미코지(滝見小路)'라고 불리는 식당가로도 유명하다. 구형 자동차와 우체통, 공중전화 등 1920년대의 일본 골목을 그대로 재현한 인테리어로 큰 인기를 끌고 있다. 여러 종류의 식당과 이자카야가 줄지어 있어 골라먹는 재미도 느낄 수 있다. 그중 오사카에서도 손꼽히는 오코노미야키 전문점, '키지(きじ)'와 일본 전통 음식점 '미야케(みやけ)'를 추천한다.

whenever TIP

1. 옥상 전망대는 꽤 어두워서 좋은 사진을 찍기 어렵다. 인증샷을 찍으려 해도 얼굴이 어둡게 나오기 때문에 카메라의 플래시, 휴대폰의 손전등 기능을 보조 조명으로 쓰는 센스가 필요하다. 사진에 욕심이 있다면 삼각대를 준비해도 좋다.
2. 일몰과 야경 때는 입장객이 몰리기 때문에 긴 줄을 서야 할 수도 있다. 전망대까지 올라가더라도 단체 관광객들과 함께하는 불운을 겪는다면 제대로 감상하기 어렵다. 일행이 많거나 아이를 동반한다면 낮 시간을 이용하는 것이 좋다. 날씨만 도와준다면 광활한 지평선도 볼 수 있다.
3 번역기의 도움을 받아서 공중정원 공식 사이트를 미리 방문해보자. 밤하늘의 별을 무료로 설명해주는 등의 이벤트 정보를 얻을 수 있다.

whenever INFO

교통: 한큐우메다 역(阪急梅田駅) 차야마치구치(茶屋町口) 출구로 나와 그랜드 프론트 빌딩 쪽으로 약 300m 직진 후 지하도 통과 / 오사카메트로 미도스지센 우메다 역(梅田駅) 5번 출구로 나와 횡단보도가 보이면 좌회전 후 약 300m 직진하여, 지하도 통과 / JR오사카 역(JR大阪駅) 츄오키타구치(中央北口) 출구로 나와 광장을 가로질러 약 200m 직진 후 지하도 통과
입장료: 성인 1,500엔, 4세-초등학생 700엔
*주유패스 소지 시 18:00 이전 입장 무료
시간: 9:30~22:30(공중정원 입장 마감 22:00. 연말연시, 크리스마스 등에는 영업시간이 조정됨)
전화: 종합안내소 06-6440-3899, 공중정원 06-6440-3855
주소: 大阪市北区大淀中1-1-88 梅田スカイビル
홈페이지: 스카이 빌딩 www.skybldg.co.jp
공중정원 www.kuchu-teien.com

공중정원에서 본 요도가와 강과 오사카 전경

PIAS
HOTEL
東横イン
HOTEL
東横イン
夢・燦
カレッジハウス

헵파이브 오사카 최신 트렌드와 즐길거리가 한곳에

헵파이브는 헵나비오(HEP NAVIO)와 함께 한큐 엔터테인먼트 파크를 구성하고 있는 트렌디한 쇼핑몰이다. 한큐백화점(阪急百貨店)과 한큐3번가(阪急三番街), 한큐32번가(阪急32番街)등 한큐 계열 상업시설이 모여 있는 우메다의 '한큐무라(阪急村)' 중에서도 가장 독특한 외관으로 눈길을 끈다. 특히 빨간 관람차 덕분에 우메다 지역 어디에서도 금방 위치를 확인할 수 있다. 지하 2층부터 지상 9층까지, 10~20대 여성 패션을 중심으로 음식점, 오락실 등 170여 개의 점포가 밀집해 있는데, 대부분 중저가 브랜드라 쇼핑을 즐기기에도 부담이 없다. 8층의 헵 홀(HEP HALL)에서는 수시로 연극, 라이브 공연, 영화제 등이 열린다.

빨간색 대형 고래 조형물이 맞이하는 로비에 들어서고나면 오사카의 수많은 젊은이들과 함께 헵파이브의 진정한 즐거움을 만끽할 수 있다. 그 가운데 절대 빼놓을 수 없는 것이 바로 빨간색 관람차다. 최상부 고도는 106m로, 날씨가 좋을 때는 멀리 아카시 해협 대교와 롯코 산(六甲山)까지 펼쳐진 너른 전망을 감상할 수 있다.

1 헵파이브와 한큐백화점 전경
2 헵파이브 관람차

whenever INFO

교통: 한큐우메다 역(阪急梅田駅)·오사카메트로 미도스지센 우메다 역(梅田駅)에서 도보 5분
입장료 : 성인 600엔, 5세 이하 무료, *주유패스 소지 시 무료 기념 촬영 500엔
시간: 대관람차 11:00~22:45, 쇼핑가 11:00~21:00, 식당가 11:00~22:30, 오락 11:00~23:00(비정기 휴무)
전화: 06-6313-0501, 관람차 06-6366-3634
주소: 大阪府大阪市北区角田町5-15
홈페이지: 헵파이브 www.hepfive.jp

오사카텐만구

벚꽃이 아름다운 텐만구에서 학문의 신을 만나보자

텐진바시스지 상점가를 찾은 관광객이라면, 잠깐 틈을 내서라도 들르는 오사카의 명소 중 하나다 . 일본 3대 마츠리 중 하나인 텐진마츠리의 중심지로 아름다운 매화와 벚꽃으로도 유명하다.

일본 전역에 수많은 텐만구가 있지만 오사카텐만구는 교토의 키타노텐만구, 후쿠오카의 다자이후텐만구와 함께 일본 3대 텐만구로 뽑히는 곳이다. 949년에 창건됐지만 현재의 본전은 1843년에 재건되었는데 오랜 시간 동안 여러 차례 화재가 일어났던 탓이다. 과거에는 '텐만 신사', '텐진사' 등으로 불렸으며, 인근의 주민들은 친근하게 텐진상(天神さん)이라고 부르기도 한다.

1 벚꽃이 핀 오사카텐만구 본전
2 신사 내 소 동상을 만지면 병이 낫거나 지혜를 얻는다고 한다
3 신사 내 전경

텐만구 신사는 학문의 신으로 추앙받는 스가와라노 미치자네(菅原道真, 845~903)를 모시는 곳이다. 스가와라노 미치자네는 헤이안시대의 문인이자 정치가로서, 천재로 이름을 날렸다고 한다. 신분의 한계를 극복하고 재상의 자리까지 올랐지만, 권력층이었던 후지와라 일족에게 견제를 받아 멀리 좌천됐고 큐슈에서 사망한다. 이후 재해가 일어나고 후지와라 일족의 사람들이 죽어나가자 사람들은 스가와라노 미치자네가 복수하는 것으로 여겼고, 조정에서는 이를 달래기 위해 텐만구 신사를 지었다고 한다.

지금도 입시철이 되면 오사카의 수험생과 부모, 취업 준비생들은 오사카텐만구 신사에 들러 합격을 기원한다. 특히 텐진마츠리 시즌에는 일본 전역에서 몰려든 사람들로 북새통을 이룬다.

4 소원을 빌어 걸어두는 목판인 에마(絵馬)
5 스가와라노 미치자네를 모신 대장군사(大将軍社)
6 '거북이 연못'이라고도 불리는 호시아이이케와
사랑이 이뤄진다는 아이쿄바시

경내 곳곳에서 소 그림과 동상을 볼 수 있는데, 스가와라노 미치자네가 죽었을 때 시신을 운구하던 소가 원통함에 움직이지 않았다는 이야기가 전해지기 때문이다. 아픈 사람은 자신의 아픈 부위와 같은 소의 부위를 만지면 병이 낫고, 머리나 뿔을 만지면 지혜로워진다는 말이 있다.

오사카텐만구에서 북쪽 출구로 나가면, 작은 연못과 다리가 보인다. 연못은 호시아이이케(星合池), 다리는 아이쿄바시(愛嬌橋)로 불린다. 이 다리 위에서 만난 남녀는 꼭 맺어진다는 이야기가 전해내려오며, 매년 7월 7일에는 호시아이 타나바타마츠리(星愛七夕まつり)도 열린다. 오사카텐만구의 정문만 이용한다면 찾기 어려워 놓치기 쉬우니 잘 기억해두자.

5

6

whenever TIP

오사카텐만구 신사를 나와 남쪽으로 300~400m 정도 내려오면, 미나미텐마(南天満) 공원이 나온다. 벚꽃철이 아니더라도 강변을 따라 산책하기 좋고, 오사카 성이나 나카노시마 등 다른 명소로 가는 길목이라 함께 방문하기 좋다.

whenever INFO

교통: 오사카메트로 다니마치센·사카이스지센 미나미모리마치 역(南森町駅) 4번 출구에서 도보 3분 / JR 토자이센 오사카텐만구 역(大阪天満宮駅) 3번 출구에서 도보 3분
시간: 9:00~17:00
전화: 06-6353-0025
주소: 大阪市北区天神橋2丁目1番8号
홈페이지: www.tenjinsan.com

벚꽃이 만개한 미나미텐마 공원

텐진바시스지 상점가

일본에서 가장 긴 상점가를 걸으며 만나는 진짜 오사카

天神橋筋商店街, 텐진바시스지쇼텐가이

텐진바시 인근의 1초메부터 7초메까지 약 2.6km에 걸쳐 600여 개 점포가 활발히 영업 중인 일본에서 가장 긴 아케이드 상점가이다. 지하철역 3개를 아우를 정도로 방대하며 그만큼 방문객도 어마어마하게 많다. 그탓에 흔히 1초메는 텐이치(てんいち), 6초메는 텐로쿠(てんろく)와 같이 약칭으로 불린다.

오사카텐만구의 참배로와 텐마(天満) 지역을 중심으로 발전해온 텐진바시스지 상점가는 오늘날에도 특색 있는 아이템과 음식으로 큰 사랑을 받고 있다. 일본 각지와 해외에서 온 관광객들, 그리고 장을 보는 현지인들이 내뿜는 엄청난 활기를 엿볼 수 있으며, 2초메 입구에 매달린 오무카에닌교(お迎え人形), 3초메 천장의 도리 등 곳곳마다 구경하는 재미도 쏠쏠하다. 일본 3대 축제 중 하나인 텐진마츠리 때는 축제 행진이 상점가를 지나기 때문에 구경꾼들로 더욱 발 디딜 틈이 없다. 특히 젊은 여성들로만 구성되어 축제 가마를 힘차게 옮기는 갸루미코시(ギャルみこし)가 유명하니 방문 일정이 겹친다면 놓치지 말자.

1 텐진바시스지 3초메 입구
2 텐진마츠리 중 상점가를 행진하는 가마

지도상 세로줄인 1~6초메가 핵심이지만, 그 가운데를 가르는 가로선에도 상점가가 자리한다. 서쪽은 텐고나카자키도리(天五中崎通) 상점가이고, 동쪽은 텐마이치바(天満市場) 시장이다. 텐고나카자키도리는 흔히 오이데야쓰(おいでやす, 어서오세요) 거리라고도 불린다. 메인 상점가와 달리 관광객이 드물고 현지인 맛집이나 카페가 많은 데다 나카자키초(中崎町) 지역까지 이어져 있어 이동 중에 들르기 좋다. 동쪽의 텐마이치바 시장은 에도시대에 '천하의 부엌'으로 불리던 오사카의 옛 상징으로 1945년 태평양 전쟁 공습으로 소실되었다 1949년 현재의 자리에 이전·재건되어 전통시장의 명맥을 이어나가고 있다. 골목과 가게마다 옛 정취가 남아 있고 가격도 저렴해 현지인들이 많이 찾는다. 특히 쇼핑몰 푸라라텐마(ぷららてんま)에서는 도매가에 대단위의 채소와 과일을 구입할 수 있어 장보는 주부들의 발길이 끊이지 않는다.

3 텐마시장 근처 이자카야 골목

whenever TIP

1. 상점가 인근에도 가볼 만한 곳이 많다. 특히 4초메 주변의 오기마치 공원(扇町公園)과 키즈프라자 오사카(キッズプラザ大阪, www.kidsplaza.or.jp/korea.pdf)를 추천한다.
2. 6초메를 지나 조금만 더 올라가면 나니와노유(なにわの湯, www.naniwanoyu.com/kr) 목욕탕이 자리해 있어 지친 몸을 달랠 수 있다.

whenever INFO

교통: 상점가 1~3초메 : 오사카메트로 사카이스지센·다니마치센 미나미모리마치 역(南森町駅) / JR토자이센 오사카텐만구 역(大阪天満宮駅)
상점가 4~6초메 : 오사카메트로 사카이스지센·다니마치센 텐진바시스지로쿠초메 역(天神橋筋六丁目駅) / 오사카메트로 사카이스지센 오기마치 역(扇町駅) / JR칸조센 텐마 역(天満駅)
텐고나카자키도리 상점가 : 오사카메트로 다니마치센 나카자키초 역(中崎町駅)
주소: 3초메 회관 大阪市北区天神橋3丁目5-15

오사카 주택박물관

기모노를 입고 에도시대 거리를 걸어보자

大阪くらしの今昔館, 오사카쿠라시노콘자쿠칸

일본에서 처음으로 생긴 생활 전문 박물관으로 정식 명칭은 '오사카 생활의 금석관'이지만 우리나라 여행자들 사이에서는 '주택박물관'으로 불린다. 에도시대 후기인 텐포시대(1830~1844년)의 오사카 거리를 실물 크기로 복원한 '나니와초카노사이지키(なにわ町家の歳時記)'가 이곳의 하이라이트로 꼽힌다. 거리와 집, 우물, 목욕탕 등 당시의 풍경을 그대로 재현해놓았는데 소리와 빛으로 아침, 점심, 저녁을 연출한 덕분에 더욱 생생하게 오사카의 과거를 체험해볼 수 있다. 봄에서 여름까지는 텐진마츠리 축제를, 가을에는 상가의 활기찬 모습을 볼 수 있으며, 지붕 위의 고양이, 골목의 강아지 등 섬세한 구성도 눈길을 끈다. 일본의 전통 놀이기구 체험은 물론 만담이나 다과회, 종이 접기 행사도 수시로 열리는 만큼 가족 여행객들도 부담없이 방문할 수 있다.

/

1 텐포시대 가옥 내부
2 과거 생활 소품 전시물
3 기모노 착용 체험
4 지붕 위 고양이 모형
5·6 텐진마츠리를 재현한 모형

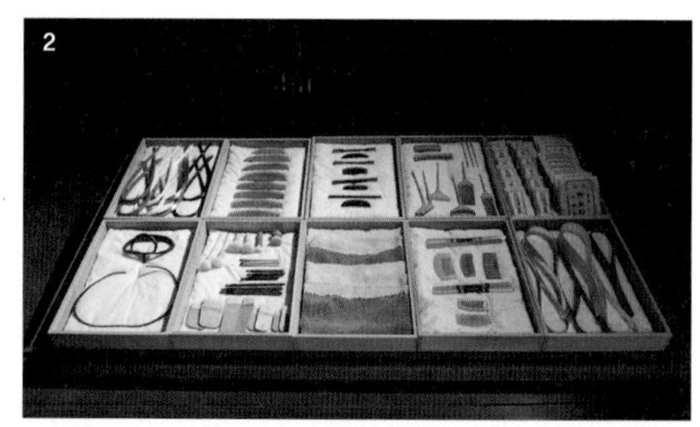

주택박물관에서 또 하나 빼놓지 말아야 할 것이 바로 기모노 착용 체험이다. 전통 의상을 입고 에도시대의 거리를 걸으며 시간 여행을 떠나보자. 요금도 1인당 500엔으로 저렴하다. 기모노 종류가 적은 데다 30분 뒤에 반납해야 하지만, 교토까지 갈 시간이 없는 여행객들에게는 좋은 선택지가 될 수 있다. 선착순으로 하루 300명만 체험할 수 있으니 체험을 원한다면 서두르자.

1900년대 초반과 태평양 전쟁 시기의 오사카 거리와 주택, 그 안에 사는 사람들을 정교하게 묘사한 8층의 '모던 오사카 파노라마 유람(モダン大阪パノラマ遊覧)' 디오라마관 역시 손꼽히는 볼거리다. 단순한 모형 전시가 아니라 스토리에 따라 구성되어 있는데, 태평양 전쟁 전후를 살며 다양한 주택을 경험한 에츠코의 이야기가 인형극과 내레이션으로 펼쳐진다. 하나의 모형이 엘리베이터처럼 다른 모형으로 교체되는 장면도 백미. 그 외 텐진마츠리 행렬과 과거 오사카의 번화가였던 루나 파크(ルナ・パーク)를 재현한 모형 역시 인상적이다.

whenever TIP

1. 기모노 착용 체험의 인기가 많기 때문에 가능하면 개관 30분~1시간 전에 도착하는 것이 좋다. 옷을 갈아입는 것이 아니라 덧입는 형식이므로 기모노의 맵시를 위해 옷은 얇게 입을 것.
2. 사진은 자유롭게 찍을 수 있지만 삼각대와 셀카봉은 금지다. 또한 실내가 조금 어두운 편이라 사진 찍기가 어려운 편이다. 사진을 찍어줄 사람이 없다면 같은 1인 여행자를 물색해 사진 품앗이를 해보는 것도 좋다.

whenever INFO

교통: 오사카메트로 다니마치센·사카이스지센, 한큐센 텐진바시스지로쿠초메 역(天神橋筋六丁目駅) 3번 출구 스마이정보센터(住まい情報センター) 건물 8~10층
입장료: 성인 600엔 *주유패스 소지 시 무료
시간: 10:00~17:00(입장 마감 16:30, 화요일 및 연말연시 휴관)
전화: 06-6242-1170
주소: 大阪市北区天神橋6丁目4-20
住まい情報センタービル8階
홈페이지: konjyakukan.com

5

6

사쿠라노미야 공원

잔잔한 강물 따라 펼쳐진 오사카 최고의 벚꽃길

桜之宮公園, 사쿠라노미야코엔

오카와 강 상류부터 하류인 텐마바시(天満橋)까지 총 길이 4.2km에 걸쳐 조성된 종합 공원이다. 1923년에 개원했으며, 주변부로 연결된 다른 공원들과 함께 케마사쿠라노미야 공원(毛馬桜之宮公園)을 이루고 있다. 오카와 강의 흐름에 따라 오른편으로는 조폐국과 센푸칸(泉布観) 등 메이지 시대를 대표하는 건물이 늘어서 있다. 벚꽃과 강물을 따라 걷다 보면 멀리 오사카 성의 천수각이 눈에 들어 오는데, 실제 거리도 가까운 만큼 함께 방문하기에 좋다.

1

1 벚꽃 산책로를 걷는 사람들
2 오사카 성과 수상 버스 아쿠아라이너

2

공원 하이라이트는 바로 오카와 강을 따라 늘어선 벚나무 길이다. 오사카에서 가장 아름다운 벚꽃길로 꼽히는 만큼 3~4월 하나미(花見, 꽃놀이) 시즌이 되면 맥주와 바베큐를 즐기는 오사카 시민들로 가득하다. 지명에 '벚꽃'이 들어간 것만 봐도 알 수 있듯, 이 일대는 에도시대 때부터 벚꽃 명소였다. 하지만 1885년의 요도가와 강 대홍수로 동쪽 연안의 벚꽃들이 큰 타격을 입게 되면서, 피해가 적었던 조폐국 인근의 서쪽 벚꽃이 유명해졌다고 한다.

유유히 지나가는 유람선도 공원의 재미를 더한다. 오사카성과 나카노시마를 감상할 수 있는 수상 버스 아쿠아라이너(水上バスアクアライナー)와 수륙양용 관광버스인 오사카 덕 투어(大阪ダックツア) 등 다양한 테마의 선박들이 오카와 강을 누빈다.

3 물 위에서 즐기는 뱃놀이
4 텐진마츠리의 주요 장소이기도 한 사쿠라노미야 공원
5 벚꽃철의 공원 야경
6 사쿠라노미야 공원의 가을

whenever TIP

1. 공원의 영업시간은 따로 없지만, 평일 심야에는 부랑자들이 모여들기도 하니 안전에 유의하자.
2. 공원의 최북단은 요도가와 강과 맞닿은 부손 공원(蕪村公園) 일대이지만, JR사쿠라노미야 역 부근부터 시작해 남쪽으로 내려오는 코스가 산책에는 더욱 안성맞춤이다.

whenever INFO

교통: JR사쿠라노미야 역(JR桜ノ宮駅), JR오사카조키타즈메 역(JR大阪城北詰駅) / 오사카메트로 타니마치센, 케이한혼센 덴마바시 역(天満橋駅) 외
전화: 06-6312-8121
주소: 大阪市北区天満他
홈페이지: www.osakapark.osgf.or.jp/kema_sakuranomiya

5

6
今の水深
3.0m

텐진마츠리가 열리는 사쿠라노미야 공원

氷
氷
氷
めろん

나카노시마 도심 속 오아시스

도지마가와 강과 도사보리가와 강 사이에 자리한 동서 길이 3km의 섬이다. 에도시대에 두 강의 수운 이용을 목적으로 창고가 들어서면서 발전하기 시작해 지금은 오사카의 대표적인 비즈니스 타운이 됐다. 랜드마크인 오사카 시 중앙공회당은 아인슈타인과 헬렌 켈러, 유리 가가린이 강연하기도 한 유서 깊은 장소로 요즘에도 콘서트, 오페라, 패션쇼, 강연회 등 다양한 행사가 열리고 있다. 오사카 시청을 가운데에 두고 동서에 위치한 나카노시마 도서관과 일본은행 오사카 지점도 고풍스러운 외관으로 눈길을 끈다.

강변을 따라 공원, 박물관, 미술관 등 다양한 문화시설이 자리해 있으며, 그중 나카노시마의 서쪽에 위치한 오사카 시립과학관과 국립국제미술관이 유명하다. 동쪽에는 1891년에 조성된 오사카 최초의 수상 공원인 나카노시마 공원이 있다. 장미 공원으로도 알려진 이곳은 이름에 걸맞게 약 310품종, 3700그루의 장미나무가 심겨 있다. 주변으로 카페와 잔디밭, 산책로가 잘 갖추어져 있어 오사카 시민들의 휴식처로 사랑을 받고 있다.

1 백주년을 맞이한 오사카 중앙공회당
2 오사카 시립과학관 내부
3 나카노시마 야경

다양한 축제도 열린다. 5월 3~5일에는 나카노시마마츠리(中之島まつり)가 열리고, 12월 중순부터는 오사카 빛의 르네상스(OSAKA光のルネサンス) 이벤트가 열려 중앙공회당과 시청 옆 미오쓰쿠시 프롬나드(みおつくしプロムナード) 산책로가 화려한 조명들로 장식된다.

나카노시마는 오사카 북부 중앙을 관통하는 지리적 특성상 오사카메트로 미도스지센, 사카이스지센, 나카노시마센, 요스바시센 등 교통편이 다양하다. 미도스지 거리, 사카이스지 거리 등 오사카에서 유명한 거리도 나카노시마를 지나는 만큼 여행 중 자주 오가기 쉽다. '물의 도시'라고도 불리는 오사카에는 수많은 명교(名橋)가 있는데, 나카노시마에는 텐진바시, 나니와바시, 와타나베바시, 요도야바시 등 전국에서도 유명한 다리들이 즐비하다. 오사카의 역사에 관심이 많다면 이 다리들을 순례해보는 것도 여행의 색다른 재미가 될 것이다.

4 겨울철 열리는 '오사카 빛의 르네상스'

whenever TIP

일정이 촉박할 때는, 오사카 시청을 기준으로 동쪽의 나카노시마 공원과 산책로만 봐도 충분하다.

whenever INFO

교통: 미도스지센 요도야바시 역(淀屋橋駅) / 나카노시마센(中之島線) 나니와바시 역(難波橋駅) / 사카이스지센 키타하마 역(北浜駅)
주소: 오사카 시청 大阪市北区中之島1-3-20
오사카 시립과학관 大阪市北区中之島4-2-1
홈페이지: www.osakapark.osgf.or.jp/nakanoshima

나카자키초 낡은 주택 사이의 평화로운 카페 골목

오피스 빌딩과 사람들로 가득한 우메다 지역과 주택박물관으로 유명한 텐진바시스지로쿠초메의 사이에는 나카자키초라는 작은 주택가가 있다. 카페와 갤러리, 공방이 다수 자리한 예쁜 거리로 일본 국내는 물론이고 우리나라에서도 꽤 유명한 골목이다. 출입구가 따로 없긴 하지만 다니마치센 나카자키초 역에서 나와 인근 지역을 걷다 보면 어느새 거리는 좁아지고 오래된 건물이 하나둘 등장하며 색다른 분위기를 자아낸다.

나카자키초에는 복고풍 카페와 잡화점, 갤러리, 미용실이 많다. 아기자기한 분위기가 가득한 골목에는 예쁜 소품과 센스 넘치는 낙서, 귀여운 고양이가 여행객을 맞이한다. 길이 거미줄처럼 이어져 있어 목적지를 찾아가기 어려울 수 있지만, 그리 넓은 지역이 아니기에 탐험하는 마음으로 이리저리 거닐어보는 것도 좋다.

1 나카지키초 유명 포인트인
리스타 바이 스니푸(Lista by Snip) 미용실
2 아기자기한 상점
3 카페 니코
4 연립주택이 빼곡한 골목

바로 옆 동네가 우메다인 만큼 교통이 편하고 평화롭고 조용한 느낌이라 일본 내에서도 살고 싶은 곳으로 손꼽힌다. 현지인들이 실제 거주하는 주택들도 새로운 현대식 건물보다는 구식 연립주택이나 목조건물이 많아서 수십 년 전의 거리를 걷는 듯한 기분도 든다.

메이지시대까지 논밭이 펼쳐져 있던 나카자키초는 도시화가 진행되며 주택들이 들어선 거주 지역으로 변모해갔다. 태평양 전쟁 시기 공습으로 인근 지역 대부분 소실되었는데, 이곳만은 운 좋게도 화재를 면했다고 한다. 그래서 다른 지역과 달리 옛 주택이 보존될 수 있었고, 높은 접근성까지 겸비한 덕분에 1990년대 후반부터 유명세를 타기 시작했다.

whenever TIP

1. 우메다 지역을 둘러보고 주택박물관 쪽으로 갈 때는 오사카메트로를 타는 것보다 나카자키초 일대를 둘러보며 도보로 이동하는 것을 추천한다.
2. 인근의 우키타(浮田) 일대나 오사카 칸조센 고가철도 아래에도 크고 작은 갤러리나 카페가 많다. 지도상 나카자키초 역-오기마치 공원(扇町公園)-텐진바시스지로쿠초메(天神橋筋六丁目) 역의 삼각지대 안 일대에 넓게 퍼져 있다.
3. 현지인들이 많이 살고 있는 주택가이므로 매너 있는 사진 촬영은 필수다.

whenever INFO

교통: 오사카메트로 다니마치센 나카자키초 역(中崎町駅) 4번 출구 도보 5분 내
주소: 大阪市北区中崎町

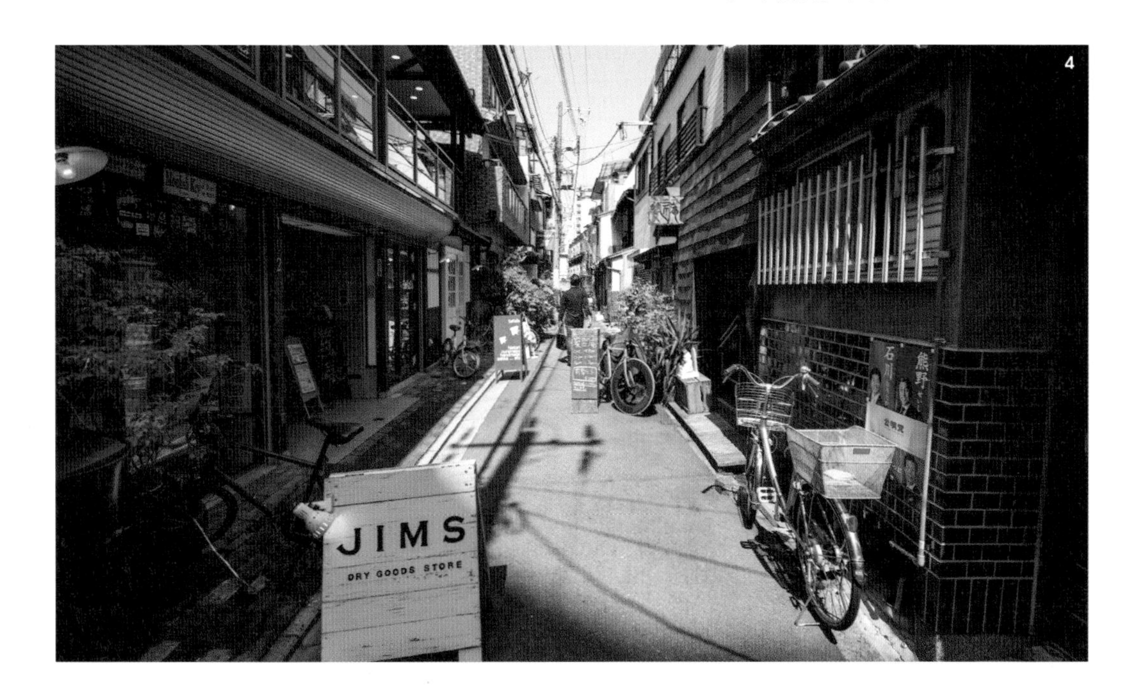

츠유노텐 신사

애틋한 사랑이야기가 어려 있는 도심 속 신사

露天神社, 츠유노텐진자

창건 1300년의 역사를 자랑하는 유서 깊은 신사이다. 오랜 역사에 비해 건물이 그리 낡아 보이지 않는데, 1945년 태평양 전쟁으로 소실된 것을 1957년에 다시 지었기 때문이다. 이곳은 오늘날에도 소네자키, 우메다 지역을 지켜주는 수호신 격으로 받들어지고 있으며, 매년 1월 1일에는 새해 소원을 비는 사람들로 북새통을 이룬다.

현지에서는 흔히 오하츠텐진(お初天神) 신사로도 불리는데, 1703년 실제 이곳에서 벌어진 안타까운 동반 자살 사건을 소재로 한 전통 인형극 '소네자키신주(曾根崎心中)'의 여주인공 '오하츠'의 이름을 따른 것이다. 소네자키신주는 오하츠와 그녀의 연인 토쿠베에가 이루지 못한 사랑 때문에 츠유노텐 신사의 텐진노모리 숲에서 다음 생을 기약하며 함께 목숨을 끊었다는 비극적인 실화를 극화한 것이다. 이 인형극은 엄청난 호평을 받으며 인기를 끌었고, 지금까지도 사랑의 결실을 기원하며 이곳을 찾는 연인들이 줄을 잇는다.

1 츠유노텐 신사의 본전
2 '연인의 성지' 기념판
3 사랑의 기원을 담은 에마

오사카의 대표적 도심인 우메다 지역에 위치해 있어 여행객, 현지인으로 늘 붐빈다. 매월 첫주 금요일에는 경내에서 벼룩시장이 열려 다양한 골동품도 구경할 수 있다. 매년 4월 7일에는 오하츠와 토쿠베에의 위령제, 7월 셋째 주 금·토요일에는 사자춤이 볼거리인 여름축제가 열린다.

신사 주변에 위치한 소네자키오하츠텐진도리 상점가(曽根崎お初天神通り商店街)에는 오래된 이자카야와 현대식 클럽이 함께 자리하고 있다. 태평양 전쟁 후 신사 경내의 음식점이 모여들면서 번창하기 시작한 곳으로 지금도 신사 참배객과 우메다의 여행객, 그리고 인근 비지니스 타운의 샐러리맨들로 문전성시를 이룬다.

4 츠유노텐 신사 내 오하츠와 토쿠베에 그림
5·6 소네자키오하츠텐진도리 상점가

whenever INFO

교통: 오사카메트로 다니마치센 히가시우메다 역(東梅田駅) 6번 출구로 나와 왼쪽으로 도보 5분
시간: 6:00~24:00
전화: 06-6311-0895
주소: 大阪市北区曽根崎2丁目5番4号
홈페이지: www.tuyutenjin.com
소네자키오하츠텐진도리 상점가
www.ohatendori.com

오하츠와 토쿠베에의 슬픈 사랑
소네자키신주 이야기

극은 유녀(遊女) 오하츠와 간장 가게 종업원 토쿠베에가 이쿠타마샤(生玉の社)에서 마주치는 장면으로 시작된다. 남몰래 사랑하는 사이였던 두 사람. 요며칠 연락이 없었던 토쿠베에에게 오하츠는 책망하면서 말을 건넨다. 토쿠베에는 힘겹게 이야기를 시작한다.

토쿠베에는 간장 가게 주인이었던 삼촌이 지참금을 붙여서 자신을 결혼시키려 했다고 고백한다. 삼촌은 성실하게 일하는 토쿠베에를 마음에 들어한 것이지만, 토쿠베에는 오하츠를 사랑하기 때문에 거절한다.
하지만 이미 토쿠베에의 계모는 지참금을 받은 상태였고, 결혼을 거부하는 토쿠베에에게 화가 난 삼촌은 의절을 선언하며 오사카에서 떠나라고 호통친다. 게다가 외상으로 산 옷의 대금을 7일 안으로 갚으라고까지 한다. 토쿠베에는 계모로부터 지참금을 돌려받았지만, 급전이 필요하다는 친구 쿠헤이지에게 3일 안으로 갚는다는 약속을 받고 빌려준다. 하지만 쿠헤이지는 기한이 지나도 돈을 갚지 않았고, 결국 삼촌에게 돈을 갚는 날이 하루 앞으로 다가오게 된다.

이야기를 마친 바로 그때, 쿠헤이지가 5명의 동료들과 함께 얼큰하게 취한 모습으로 나타난다. 토쿠베에는 증서를 들이대며 돈을 갚을 것을 요구한다. 쿠헤이지는 증서가 가짜라고 트집을 잡았고, 두 사람은 싸우기 시작한다. 쿠헤이지와 동료들은 토쿠베에를 일방적으로 폭행한다. 오하츠까지 문제에 휩싸일까 우려한 다른 사람이 오하츠를 데리고 사라지고, 토쿠베에는 눈물을 흘리며 그 자리를 떠난다. 유곽으로 돌아온 오하츠는 다른 유녀들이 '토쿠베에가 가짜 도장을 찍어 호되게 당했다'고 웅성거리는 소리를 듣게 된다.

'차라리 토쿠베에와 함께 죽어버리고 싶다'라고 생각하던 그 순간, 엉망이 된 토쿠베에가 나타난다. '이제 아무리 발버둥쳐도 내가 나쁜놈이 됐다. 끝이다'라고 한탄하는 토쿠베에. 오하츠는 토쿠베에가 다른 사람들에게 들키지 않도록 마루 아래에 숨긴다.
그날 밤, 쿠헤이지가 손님으로서 오하츠를 찾아오고, 차갑게 대하는 오하츠에게 토쿠베에의 욕을 하면서 돌아간다. 토쿠베에는 마루 아래에서 쿠헤이지가 자랑스레 돈을 가로챈 이야기를 하는 것을 듣고 있는 분노에 몸을 떤다. 마루에서 나온 토쿠베에는 오하츠에게 죽을 각오를 전한다. 자정이 되자 오하츠와 토쿠베에는 츠유노텐 신사의 텐진노모리 숲으로 가 소나무에 두 사람의 몸을 묶는다. 토쿠베에는 사랑하는 여자의 목숨을 빼앗는 것에 잠깐 망설였지만, 재촉하는 오하츠를 죽이고 자신도 스스로 목숨을 끊는다.

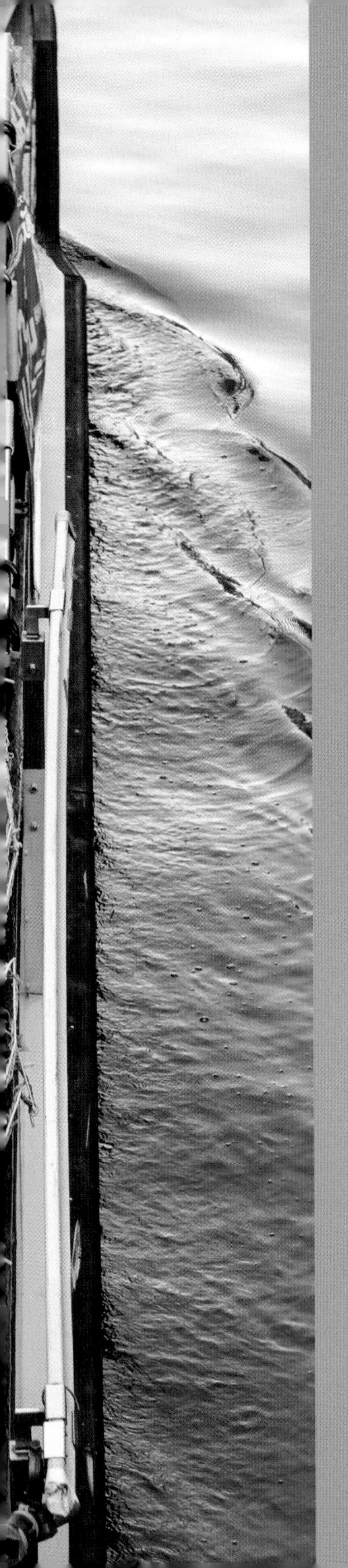

미나미

Minami

가는 방법

- 간사이 국제공항 제1·2터미널 → 리무진 버스 (50분, 1,050엔) → 난바(OCAT)
- 간사이 국제공항 → 난카이 공항선 공항 급행 (50분, 920엔) → 난카이난바 역
- 간사이 국제공항 → 난카이 특급 (38분, 1,430엔) → 난카이난바 역
- JR간사이쿠코 역 → JR간사이 공항선 (53분, 1,060엔) → JR텐노지 역 → 야마토지센(6분) → JR난바 역

주요 역

오사카메트로 난바 역, 난카이난바 역, JR난바 역, 오사카난바 역, 닛폰바시 역

난바 역에서 도보 소요 시간

난바파크스 10분, 덴덴타운 20분, 도톤보리 5분, 아메리카무라 10분

난바파크스 오사카 최대 쇼핑몰과 최대 규모의 옥상 정원

난바파크스는 쇼핑 스트리트, 영화관, 공원 등 다양한 시설이 자리한 오사카 최대의 복합 쇼핑몰이다. 프랑프랑, 인더룸 등 유명 브랜드를 비롯해 200여 곳이 넘는 패션 및 인테리어 전문점이 입점해 있다. 미국의 그랜드캐니언을 형상화 해 캐니언 스트리트라고 부르는 난바파크스의 메인 스트리트에는 고급 브랜드숍은 물론 이벤트 장소가 마련되어 있어 늘 방문객들로 북적인다.

건물 옥상의 파크스 가든 공중정원 역시 빼놓을 수 없다. 우메다 스카이빌딩의 공중정원과 달리, 진짜 나무와 꽃이 있는 도심 속 정원으로 11,400m^2의 면적에 500종 이상의 식물이 심겨 있다. 상업 시설의 옥상 정원으로는 일본 최대의 규모로, '사람과 자연의 공존'이라는 콘셉트로 설계됐다. 계단을 오르며 천천히 산책하는 데 1시간 정도 걸리며, 곳곳에 쉼터와 원형극장이 자리해 있다. 미국 CNN에서 '세계에서 가장 아름다운 공중정원 10'으로 선정했을 정도로 독특하고 균형감 있는 구성이 돋보인다.

1 캐니언 스트리트 야경
2 파크스 가든 8층에서 본 난바파크스

과거 난바파크스 자리는 오사카 연고의 프로야구 구단 난카이 호크스(현 소프트뱅크 호크스)의 홈구장 부지였다. 연고 이전 후 주택 전시장 등으로 쓰이다 1998년 철거되어 오늘에 이른다. 과거 야구장이었을 때의 홈베이스와 투수 플레이트 위치에는 지금도 기념 플레이트가 설치돼 있다. 파크스 가든 9층에는 난카이 호크스의 50년 역사를 되돌아보는 난카이 호크스 메모리얼 갤러리가 있다. 역대 선수와 감독을 소개하고, 우승컵과 유니폼 등을 전시하고 있어 야구팬이라면 방문해볼 만하다.

3·4 난카이 호크스 메모리얼 갤러리에는 역대 선수와 감독을 소개하고, 우승컵과 유니폼 등을 전시한다
5 쇼핑 후 공항으로 이동하기 좋은 난바시티

난바파크스에서 길을 건너면 난바 최대의 쇼핑센터 중 하나인 난바시티가 나온다. 크게 본관과 남관, 난카이 전철과 이어진 역관으로 구성되며 2층에는 타카시야마 백화점과 간사이 국제공항과 린쿠타운으로 갈 수 있는 난카이난바 역이 있다. 300여 개의 점포가 입점해 있으며 애프터눈티 리빙, 무인양품, 3코인즈 등 생활용품점과 유니클로, 차오파닉 등 의류 브랜드도 있어 마지막 날 일정으로 쇼핑을 즐긴 후 공항으로 이동하기 좋다. 본관 2관 지하 2층에서 면세 센터도 운영하니 기억해두자.

whenever TIP

간사이 공항 행이 있는 난카이 철도역과 직결되므로, 여행을 즐긴 뒤 귀국 전에 선물을 구입하기 좋다.

whenever INFO

교통: 난카이난바 역 중앙출구·남출구와 연결 / 오사카메트로 미도스지센 난바 역 남쪽 개찰구에서 도보 7분 / 오사카메트로 센니치마에센 난바 역 개찰구에서 도보 10분 / 긴테츠난바센 오사카난바 역 동쪽 개찰구 도보 10분 / JR난바 역 북쪽 출구에서 도보 15분
시간: 쇼핑가 11:00~21:00, 식당가 11:00~23:00(일부 점포 제외), 파크스 가든 10:00~24:00, 난카이 호크스 메모리얼 갤러리 11:00~21:00 / 비정기 휴무
전화: 06-6644-7100
주소: 大阪市浪速区難波中 2-10-70
홈페이지: www.nambaparks.com

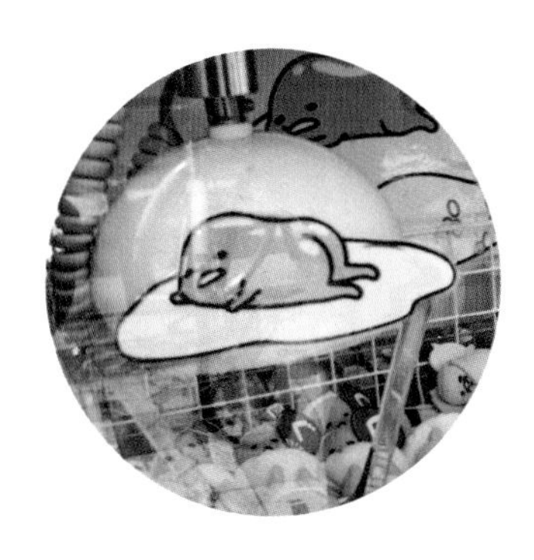

1·2 오타로드 거리 풍경

애니메이션, 만화, 게임, 피규어, 코스프레에 메이드카페까지 덴덴타운은 이른바 오타쿠들의 거리로 불린다. 핵심인 사카이스지(堺筋)와 북쪽의 난산도리(なんさん通り), 서쪽의 오타로드(オタロード)를 아우르는 서일본 최대의 전자제품 및 서브컬처 관련 쇼핑 스트리트로 조신덴키, 소후마푸, 애니메이트, 게이머즈 등 수많은 가게들이 빼곡히 들어서 있다. 난카이난바 역이나 닛폰바시 역에서 도보로 이동 가능한 위치인 만큼 마니아 문화에 관심 있는 여행객이라면 절대로 놓칠 수 없는 곳이다.

에도시대 당시 오사카 최대의 빈민가였던 덴덴타운 일대는 1900년대 초반 고서적 거리로 변모하면서 점차 활성화되기 시작했다. 50년대에는 가전제품, 70년대부터는 전자제품과 취미 관련 상품으로 일본 전역에서 이름을 떨쳤으나, 90년대 이후부터는 경제 침체와 대형 전자제품 할인매장의 등장으로 찾는 사람이 줄었다. 요즘에는 애니메이션

이나 게임 관련 상가로 더 잘 알려져 있으며, 휴대전화 판매소, 메이드 카페, 편의점 등 입점 업체가 다양화되면서 방문층도 넓어지는 추세이다.

오타로드에서 에비스초 역 방향으로 내려가다 보면 오래되고 낡은 느낌의 점포들이 늘어서 있는데, 이곳을 고카이핫카텐(五階百貨店)이라고 부른다. 1888년 건설된 5층 전망대에서 이름을 딴 이 지역에는 공구, 골동품, 헌 옷 가게들이 밀집되어 있다. 태평양 전쟁 이후에는 장물도 사고 팔았을 정도로 없는 것이 없었고, 저렴한 가격으로도 유명했다고 한다.

2005년부터는 닛폰바시 스트리트 페스타(日本橋ストリートフェスタ)가 매년 개최되고 있다. 사카이스지와 오타로드 일대를 보행자 도로로 개방하고 코스프레 행사 및 퍼레이드를 진행한다. 축제를 찾는 사람들은 해마다 늘고 있으며 2018년 14회 행사에는 무려 23,000명에 달할 정도로 성황을 이뤘다.

3 고카이핫 카텐 일대 상점

whenever TIP

1 닛폰바시 오모테나시 홈페이지에 덴덴타운의 전체 상점과 무료 와이파이 사용 방법이 소개되어 있으니 참고하자.(nippombashi.toraru.com)

2 덴덴타운에는 신품만큼이나 중고품이 많으니 쇼핑 시 유의해야 한다.(중고라도 제품의 질은 크게 떨어지지 않는다) 같은 제품이라도 가게마다 가격이 다르니, 일정에 여유가 있다면 여러 곳에 방문해보는 것이 좋다.

3. 일정이 촉박하다면 난카이난바 역에서 출발해 난산도리-오타로드-사카이스지만 돌아봐도 충분하다.

whenever INFO

교통: 오사카메트로 미도스지센 난바 역(なんば駅) 남동 4번 출구에서 난바시티를 통해 남동쪽 방향으로 도보 5분 / 오사카메트로 사카이스지센·센니치마에센 닛폰바시 역(日本橋駅) 남서 5·10번 출구 도보 5분 / 오사카메트로 사카이스지센 에비스초 역(恵美須町駅) 1A·1B 출구

시간: 10:00~20:00

전화: 닛폰바시 종합안내소 06-6655-1717

주소: 닛폰바시 종합안내소 大阪市浪速区日本橋 5-9-12

홈페이지: www.denden-town.or.jp

TEL 4396-8109
大阪 焼トンセンター
大豚
焼トン と 日本酒
各地地酒

센니치마에는 북쪽의 도톤보리, 동쪽의 닛폰바시 지역과 연결된 서일본 최고, 최대의 번화가이다. 키타 구의 우메다와 함께 오사카 2대 번화가로 손꼽히지만, 규모와 유명세에서 우메다를 압도한다. 대형 가전제품 매장인 빅카메라, 지하 쇼핑가인 난바워크, 타카시마야 백화점, 난바 그랜드 카게츠 극장 등 일본 전국에서도 유명한 곳이 즐비하다. 수많은 이자카야와 맛집까지 돌아다니다 보면 하루가 모자랄 지경이다.

최근 핫플레이스로 떠오른 우라난바 골목은 밤이 더 매력적인 곳이다. 난바 역에서 닛폰바시 역 사이의 일대를 지칭하는 우라난바에는 2010년까지만 해도 창고나 카바레만 가득했지만, 저렴한 임대료와 복고 분위기를 타고 매년 점포수가 늘어나면서 활기를 되찾아가고 있다. 관광객들이 많은 도톤보리 일대와 달리 이곳은 현지인들이 대부분이라 진정한 오사카의 밤거리를 느낄 수 있다.

1 우라난바 거리
2 난바 그랜드 카게츠 극장
3 오코노미야키로 유명한 후쿠타로

난바 그랜드 카게츠와 난산도리 사이의 도구야스지(道具屋筋) 상점가에서는 업무용 주방기구와 가정용 집기를 전문으로 판매하고 있다. 선물용으로도 좋은 가정용품들이 좁은 골목길을 따라 진열되어 있는데, 해외 유명 요리사들도 찾을 만큼 좋은 품질로 정평이 나 있다.

에도시대 당시 이곳은 공동묘지이자 사형장이었다. 이후 형장은 폐지되고 묘지는 이전됐지만, 흉흉한 곳이었다보니 땅을 사는 사람이 없어 오사카 시에서 땅을 사는 사람에게 별도의 지원까지 해주었다고 한다. 1912년에 발생한 대화재로 센니치마에 일대가 완전 소실되자, 지역 침체를 우려한 난카이 철도가 극장, 놀이공원, 수족관, 전망대 등을 건설하고 일대를 '라쿠텐치(楽天地)'라 명명하며 분위기를 부흥했다. 이후 태평양 전쟁으로 다시 폐허로 변하지만 꾸준히 복구를 거듭하며 오늘날 도톤보리와 어깨를 나란히 하는 번화가로 자리매김했다.

4 우라난바의 밤거리
5 도구야스지
6 센니치마에 상점가 풍경

whenever INFO

교통: 오사카메트로 미도스지센 난바 역 / 오사카메트로 사카이스지센·센니치마에센 닛폰바시 역에서 난바워크(なんばウォーク)로 연결
주소: 빅카메라 난바점 大阪市中央区千日前2-10-1
홈페이지: www.sennichimae.com

우라난바의 밤거리

シアター
STONES
BAR

도톤보리 화려한 네온사인, 잠들지 않는 오사카의 상징

1 도톤보리의 상징인 에비스바시 다리와 글리코 러너

도톤보리는 1615년 에도시대 상인이었던 야쓰이 도톤(安井道頓)이 사재를 털어 세운 운하로 이후 오사카 시가 확장되고 강 주변에 대형 극장들이 들어서면서 오사카의 대표적인 번화가가 되었다. 시간이 지나고 극장들은 사라졌지만, 현재는 먹거리와 다양한 간판 등으로 엄청난 유명세를 떨치고 있다.

도톤보리 강의 남쪽 방면에는 카니도라쿠나 킨류라멘 등 유명 음식점과 이자카야가 자리잡고 있다. 움직이는 게, 문어, 소 모양의 입체 간판 등 셀 수도 없이 많은 종류의 음식점과 간판에 눈이 즐겁다 못해 어지러울 정도다. 도톤보리는 '쿠이다오레(食い倒れ, 먹다가 망하다)', '천하의 부엌'으로 유명한 오사카의 대표 먹자골목답게 어느 음식점에 들어가도 실패할 확률이 적다. 도톤보리 강 북쪽의 소에몬초 거리는 고급 바나 클럽 같은 유흥 시설이 많다.

도톤보리 강의 여러 다리 중 가장 유명한 에비스바시 다리는 관광객과 호객꾼, 즉석 만남을 원하는 남녀로 언제나 붐빈다. 이곳에서는 특히 오사카의 상징이라 할 수 있는 글리코 사인 간판이 잘 보이기 때문에 사진을 찍는 인파까지 몰려 늘 혼잡하다. 다리 아래로 길게 이어져 있는 도톤보리 리버워크 산책로에서는 강변 이벤트나 톤보리 리버 크루즈 등을 바로 앞에서 감상할 수 있다. 다른 거리보다 인적도 드물기 때문에 조용한 곳을 원한다면 가볼 만하다.

2 톤보리 리버크루즈
3 복합 시설인 미나토마치 리버 플레이스 앞 계단에서 주말을 즐기는 사람들
4 돈키호테 도톤보리점

whenever TIP

오사카에서 가장 많은 사람들이 오가는 거리이기 때문에, 어린 자녀와 함께 방문할 계획이라면 안전에 유의하자. 소에몬초 거리는 심야에 여성 혼자 다니지 않을 것을 권장한다.

whenever INFO

교통: 난카이난바 역 북출입구에서 도보 10분 / 난바 역 14번 출구에서 도보 3분 / 닛폰바시 역 2번 출구에서 도보 5분
주소: 大阪市中央区道頓堀 1-10
홈페이지: www.dotonbori.or.jp/ko
톤보리 리버워크 www.tonbori.jp

도톤보리 색다르게 즐기기

톤보리 리버크루즈

미니 크루즈를 타고 도톤보리 강을 따라 일대를 둘러보는 코스다. 돈키호테 에비스타워 앞에서 출발하여 미나토마치 리버 플레이스가 있는 우키니와바시까지 가서 유턴, 반대 방향으로 닛폰바시를 돌아온다. 가이드 승무원이 영어와 일본어로 설명하며 중요 포인트에서는 간단한 한국어 설명도 진행한다. 뱃놀이의 즐거움은 물론 다리 밑을 지날 때는 머리가 닿을 듯한 짜릿함도 경험할 수 있으며 특히 밤에는 도톤보리의 화려한 네온사인 풍광을 감상할 수 있다.

도톤보리의 인기 코스답게 늘 사람들로 붐비지만 예약이 불가능하며, 당일 현장 매표소에서 승선권 발권만 가능하다. 일몰과 야경 피크 타임에 크루즈를 즐기고 싶다면 매표소 오픈 시간인 10시에 먼저 발권을 하고 이후 일정을 소화하기를 추천한다. 매시 정각과 30분에 출항하며 피크 타임에는 10-15분 간격으로 운항한다. 주유패스 소지 시 무료 승선이 가능하지만 매표소에서 여권 함께 제시 후 승선권으로 바꿔야 하며, 지정석이 아니기 때문에 예약 시간보다 10-20분 먼저 도착해 기다렸다 승선하는 것이 좋다.

요금: 성인 900엔, 어린이 400엔(5세 미만은 안고 타는 경우 성인 1명당 1명 무료) *주유패스 소지 시 무료
시간: 13:00-21:00, 주말 및 성수기 11:00-21:00
매표소: 돈키호테 도톤보리점 바로 옆 티켓 부스
전화: 06-6441-0532
주소: 大阪市中央区宗右衛門町7-16 / 지도 : 285쪽

JAPAN NIGHT WALK TOUR

오사카 도톤보리 지역을 가이드와 함께 돌아보는 프로그램이다. 매일 4회, 1회 45분간 20명 정원으로 진행되며 예약 없이 집합 시간에 정해진 장소로 찾아가면 된다. 요금도 1,000엔으로 저렴해 특히 혼자 여행하거나 다른 여행자들과 소통하고 싶은 이들에게 추천한다.

일본어, 영어는 물론 한국어로 진행하는 가이드도 있어 부담 없이 즐길 수 있다. 각 투어 5분 전 집합 장소인 쿠이다오레 타로에서 정각 출발하며, 악천후나 교통상에 문제가 있을 시 중지되는 경우도 있다.

요금: 1,000엔(6세 미만 무료) *주유패스 소지 시 무료
시간: 18 : 00-18 : 45 · 19 : 00-19 : 45 · 20 : 00-20 : 45 · 21 : 00-21 : 45
매표소: 나카자와 쿠이다오레 빌딩 1층 이치비리안 점내 재팬 나이트 워크 투어 카운터
주소: 大阪市中央区道頓堀1丁目7-21 中座くいだおれビル1F いちびり庵店内
전화: 06-4703-3390
홈페이지: nightwalk.jp/ko
지도 : 285쪽

이른 아침 한적한 미나토마치 리버플레이스

호젠지 자그마한 사찰 옆 운치 있는 밤거리

1 부동명왕상
2 참배하는 사람들
3 호젠지 전경

대규모 번화가인 센니치마에의 한가운데 위치한 호젠지는 에도시대 초기에 창건된 사찰로 1637년부터 현재의 자리를 지켜왔다. 과거 이곳에서 천일염불(千日念仏)을 했기 때문에 센니치지(千日寺)라고도 불렸으며 여기서 센니치마에(千日前)라는 지명이 생겼다.

사찰이라고는 하지만 굉장히 작아서 1분이면 다 둘러볼 수 있다. 태평양 전쟁 당시 부동명왕상을 제외하고 모두 소실됐기 때문이다. 이 부동명왕상이 바로, 물을 뿌리며 소원을 빌면 이루어진다는 미즈카케후도(水掛不動)다. 과거에는 생명의 근원이라는 의미로 물을 공양하는 형식이었는데, 한 여성이 물을 뿌리며 소원을 빌기 시작했고 이것이 전통이 됐다고 한다. 오늘날에도 현지인, 여행객 할 것 없이 저마다의 소원을 빌며 물을 뿌리는 의식을 치르는데 이 때문에 생긴 이끼로 부동명왕상의 형태가 제대로 보이지 않을 정도다.

오밀조밀 깔린 돌바닥이 반짝이는 호젠지요코초(法善寺横丁)는 이름처럼 호젠지 옆에 자리한 80m 길이의 좁은 골목이다. 60여 개의 음식점과 바가 오밀조밀 붙어 있어 특유의 분위기를 자아낸다. 오사카에 사는 연인의 사랑이야기를 다룬 오다 사쿠노스케의 1940년 소설 〈메오토젠자이(夫婦善哉)〉의 배경으로 등장해 유명해졌고 이후 수많은 일본 가요와 연극, 영화에 등장했다. 미나미 지역의 필수 방문 코스로 꼽히는 만큼 늘 인파로 붐빈다.

whenever TIP

인파의 행렬을 피하고 싶다면 이른 아침이나 저녁에 방문하는 것을 추천한다. 저녁에는 야경의 운치까지 느낄 수 있어 더욱 매력적이다.

whenever INFO

교통: 난바 역 14번 출구에서 왼쪽 골목으로 200m
전화: 06-6211-4152
주소: 大阪市中央区難波 1-2-16

4 음식점과 바가 들어선 호젠지요코초

미도스지 우메다와 도톤보리를 직결하는 오사카의 대동맥

북쪽의 번화가인 우메다 지역과 남쪽의 도톤보리를 남북으로 직결하는 오사카의 핵심 교통로이자 오사카 행정의 중심지이다. 일본의 근현대사를 관통하는 흔적들이 가득한 곳으로 '일본의 길 100선'에도 선정된 바 있는 오사카를 대표하는 거리다.

미도스지의 영역권 내에는 오사카 역과 난바 역, 나카노시마, 신사이바시와 아메리카무라, 미나미센바 등 오사카 내 유명 관광지가 모두 연결되어 있다. 대로변에는 세계적인 명품 브랜드숍과 함께 오사카 시청, 일본은행 오사카 지점, 다이마루 백화점 등 유서 깊은 건물들이 어우러져 있다. 이용객들이 자부심까지 느낄 정도로 유명한 노선인 미도스지센까지 자리해 있어 지역 일대가 여러모로 오사카의 척추로 불릴 만하다.

1 미도스지의 명품 브랜드숍

천 여 그루의 은행나무로 이루어진 은행나무 길은 연중 내내 콘서트, 벼룩시장, 사진전 같은 다양한 이벤트는 물론, 오사카 국제 마라톤 대회나 퍼레이드 등 오사카의 굵직한 행사들이 치러지는 대형 무대이다. 12월이 되면 일루미네이션 행사가 열려 화려한 야경도 즐길 수 있다.

whenever TIP

1. 전 지역을 걷는 것이 부담스럽다면, 신사이바시 역 1번 혹은 3번 출구로 나와 남쪽 방면의 난바 역까지 걷는 미니 코스를 추천한다. 명품 거리와 OPA 빌딩, 다이마루 백화점, 애플 스토어 등이 이어져 쇼핑하기에도 좋다.
2. 12월에 방문했다면 미도스지 일루미네이션을 놓치지 말 것. 요도야바시 역에 하차하면 나카노시마 일대와 미도스지의 일루미네이션을 함께 볼 수 있다.

whenever INFO

교통: 북쪽은 미도스지센 우메다 요도야바시 역 / 남쪽은 신사이바시 난바 역에서 하차
홈페이지: www.midosuji.biz

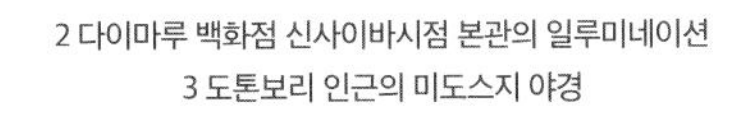

2 다이마루 백화점 신사이바시점 본관의 일루미네이션
3 도톤보리 인근의 미도스지 야경

アメリカ村, 아메리카무라

1 개성 가득한 아메리카무라의 상점

오사카의 패셔니스타는 모두 일명 아메무라, 다시 말해 아메리카무라에 모인다. 아메리카무라는 전 세계의 구제 아이템과 히피 스타일 잡화, 명품 브랜드까지 2500여 점포가 골목마다 빼곡히 들어선 일본 패션의 천국이다. 클럽에서 흘러나오는 음악, 호객하는 외국인들, 산카쿠코엔(三角公園, 삼각공원)에서의 거리 공연 또한 개성이 넘친다.

1960년대부터 젊은 디자이너들이 유입되면서 상점가로 발전해온 아메무라는 원래 신사이바시스시 상점들의 창고와 주차장 부지로 사용되고 있었다. 디자이너들은 저렴한 월세를 이용해 미국에서 들여온 서핑 용품, 중고 레코드, 구제 패션, 잡화들을 판매하는 전문점과 벼룩시장을 열기 시작했고, 사람들은 일본에서 만나보기 힘들었던 미국 제품들이 가득한 이곳을 두고 '마치 미국에 온 것 같다'고 입을 모았다. 이후 80년대부터 '아메리카무라'라는 별명이 미디어를 통해 일본 전역에 알려지며 오사카의 대표적인 패션가로 거듭나게 되었다. 오늘날에는 옷가게 외에도 음반가게, 맛집, 클럽까지 포진해 있어 두루 구경하기 좋다. 레트로 느낌이 충만한 그래피티도 놓치기 아쉬운 볼거리다.

주목할 만한 가게로는 세계 각지의 구제 아이템을 취급하는 톰스 하우스(TOM'S HOUSE), 수입 브랜드 및 아웃도어 잡화의 새티스팩토리(Satisfactory), 대형 복합 쇼핑몰 빅 스텝(BIG STEP), 히피스타일 여성 셀렉트숍 키위(Kiwi), 레고 전문점 레고클릭브릭(LEGO clickbrick), 패션 및 생활 잡화 플라잉 타이거 코펜하겐(Flying Tiger Copenhagen), 만화, 피규어 전문점 만다라케 그랜드 카오스 등을 들 수 있다.

동서로는 미도스지와 호리에(堀江) 사이, 남북으로는 나가호리 거리(長堀通)와 도톤보리 강 사이에 위치해 있어, 중간 지점에 있는 산카쿠코엔과 빅 스텝을 중심으로 돌아보면 길을 어렵지 않게 찾을 수 있다.

whenever INFO

교통: 오사카메트로 요츠바시센 요츠바시 역 5번 출구로 나와 왼쪽으로 50m 직진 후 좌회전, 도보 직진 1분 / 미도스지센·나가호리츠루미료쿠치센 신사이바시 역 7번 출구
주소: 빅 스텝 大阪市中央区西心斎橋 1-6-14
홈페이지: americamura.jp/kr

2 만화 및 피규어 전문점 만다라케 그랜드 카오스
3 아메리카무라 골목 풍경
4 대형 복합 쇼핑몰 빅 스텝 내부

Moon Tower
Rivet Build
Relaxation
HINATA
4F
06-6213-0358
P
3

LOVELESS
4

아메리카무라 타코야키 전문점 간소아지호 모습

おでん
味穂
元祖
味穂
焼そば
味穂
たこ焼

요롯파도리 아담한 유럽풍 거리

아메리카무라를 어느 정도 둘러보았다면, 미도스지를 건너 요롯파도리로 눈길을 돌려보자. 애플 스토어 앞 횡단보도를 건너 신사이바시스지 상점가 쪽으로 이어진 스오마치도리(周防町通)를 걷다 보면 유럽풍의 조용한 거리가 등장하는데, 이곳이 바로 '유럽 거리'란 뜻의 요롯파도리이다. 스타일리시한 카페와 갤러리 등이 곳곳에 숨어 있고, 신사이바시 상점가와 비교하면 인적도 드문 편이라 가벼운 마음으로 산책하기에도 좋다.

1·2 요롯파도리 거리 풍경

whenever INFO

교통: 미도스지센·나가호리츠루미료쿠치센 신사이바시 역 6번 출구로 나와 오른쪽으로 도보 5분
주소: 大阪市中央区心斎橋筋 2-1-24

호리에 인테리어 전문숍과 카페가 어우러진 여유 가득한 거리

톡톡 튀고 강렬한, 클럽 문화 느낌이 강한 아메리카무라가 다소 부담스럽다면, 조금 더 서쪽으로 발걸음을 옮겨보자. 오렌지 스트리트로 유명한 호리에가 기다리고 있다. 10~20대의 혈기왕성한 청춘남녀들이 아메리카무라를 찾는다면, 호리에는 20대 중후반의 직장인들이 휴식과 쇼핑을 즐기기 위해 찾는 곳이라 할 수 있다.

호리에 공원을 기준으로 북쪽의 키타호리에와 남쪽의 미나미호리에로 나뉘는데, 일반적으로 호리에는 미나미호리에를 가리킨다. 도톤보리나 아메리카무라에 비해 면적이 넓으므로, 업종에 따라 돌아볼 지역을 구분하는 것도 하나의 방법이다. 메인 스트리트인 오렌지 스트리트 주변에는 인테리어 전문숍과 옷가게가 이어지고, 키타호리에 지역에는 카페나 레스토랑이 중심을 이루고 있다. 위층에는 잡화를 판매하고 아래층에는 레스토랑을 함께 운영하는 복합 형태의 가게도 많기 때문에 어느 곳이든 관심이 간다면 마음 편하게 들어가보자.

whenever TIP

도톤보리 강을 건너 남쪽 연안을 따라 이어지는 사이와이초(幸町)에도 세련된 편집숍이나 이자카야가 많으니 함께 둘러봐도 좋다.

whenever INFO

교통: 요츠바시센 요츠바시 역 6번 출구에서 도보 3분 / 나가호리츠루미료쿠치센 니시오하시 역 4번 출구에서 도보 3분
주소: 호리에 공원 大阪市西区南堀江1－13
홈페이지: 호리에 지역 웹B매거진 horiestyle.jp

신사이바시스지 상점가 오사카 No.1 쇼핑 스트리트

心斎橋筋商店街, 신사이바시스지 쇼텐가이

미도스지 옆쪽으로 남북으로 길게 이어진 신사이바시스지 상점가에는 다이마루 백화점 등의 고급 브랜드 매장을 비롯해 패션, 주얼리, 드럭스토어 등 다양한 상점들이 밀집되어 있다. 신사이바시-도톤보리-난바 등 오사카의 핵심 관광지를 직선으로 연결하고 있기 때문에 언제나 북새통을 이룬다.

도톤보리 강의 에비스바시를 기준으로 신사이바시스지 상점가는 끝나고 에비스바시스지 상점가가 난카이난바 역까지 이어지지만, 사실상 하나의 영역권이라고 봐도 좋다. 도톤보리가 미나미 관광의 가로선이라면, 신사이바시-에비스바시스지 상점가는 세로선이라고 보면 된다. 에비스바시스지 상점가는 신사이바시스지 상점가에 비해 전통시장의 느낌이 강하다. 오랜 역사의 상점은 물론 호객꾼들도 많아 또 다른 재미를 찾아볼 수 있다.

whenever TIP

신사이바시스지 상점가 전역에서 무료 와이파이를 1회 3시간씩 이용할 수 있다.

whenever INFO

교통: 미도스지센·나가호리츠루미료쿠치센 신사이바시 역과 연결된 'CRYSTA 나가호리(長堀)'의 남10번 출구 / 신사이바시 역 5·6번 출입구
전화: 관광 안내 06-6282-5900
주소: 大阪市中央区心斎橋筋 2-2-22
홈페이지: www.shinsaibashisuji.com/lang/ko

미나미센바 럭셔리한 쇼핑과 스타일리시한 카페

오사카의 지도를 잘 들여다보자. 신사이바시 역과 기타하마 역 사이, 마치 바둑판처럼 잘 정리된 이 일대가 바로 센바이며, 그 남쪽을 가리켜 미나미센바라고 부른다. 전쟁을 하던 곳(戰場), 말을 씻기던 곳(洗馬)에서 이름이 유래했다는 설도 있지만 센바는 과거 선착장이었다는 것이 가장 유력한 의견이다. 오늘날 이곳은 오사카에서도 가장 럭셔리한 쇼핑 스트리트이자 고급 레스토랑, 갤러리, 카페가 밀집한 핫 플레이스로 자리매김했다.

미도스지 거리가 지나는 대로변은 오피스 타운과 명품 브랜드 빌딩이 혼재해 있고, 그 안의 골목에는 모던하고 클래식한 분위기의 외관의 카페와 편집숍이 모여 있다. 신사이바시와 아메리카무라에서 확장된 가게들도 다수 자리해 있어 쇼핑을 즐기기에도 제격이다. 해외 고급 브랜드의 액세서리와 의류 매장이 많아 아메리카무라나 호리에보다는 방문객 연령층이 높은 편이다.

사카이스지센 혼마치 역과 사카이스지혼마치 역 사이 지하에는 센바 센터 빌딩(SENBA CENTER BLDG)이 있다. 1km에 달하는 대형 쇼핑가에 섬유 및 잡화의 중심지인 센바답게 다양한 도매상점이 가득하다. 2015년 리뉴얼을 거쳤으며, 지하 식당가에는 현지 직장인들이 즐겨 찾는 맛집도 많아 놓치기 아쉽다.

일본 내 미디어에도 자주 소개되는 편이고 해외에도 잘 알려져 있지만, 관광객들은 주로 우메다와 도톤보리 지역에 집중하는 터라 그 가운데에 있는 미나미센바는 건너뛰는 경우가 많다. 유명세에 비해 관광객이 적고 면적도 넓기 때문에 여행 중 여유롭게 시간을 보내고 싶을 때 방문하기에도 좋다.

whenever INFO

교통: 미도스지센·나가호리츠루미료쿠치센 신사이바시 역 1번 혹은 3번 출구 방향
주소: 오가닉 빌딩 大阪市中央区南船場 4-7-21

1 이탈리안 레스토랑 poco poco

JR
大阪城公園
阪
おおさかじょうこうえん Ōsakajōkōen
もりのみや
Morinomiya
きょうばし
Kyōbashi
95

오사카 성

Osaka Castle

가는 방법

JR간사이쿠코 역 → JR간사이 공항선(53분, 1,190엔) → JR텐노지 역 → JR오사카칸조센(5분) → 모리노미야 역 → 도보 16분 → 오사카 성

JR오사카 역 → JR오사카칸조센(11분, 160엔) → JR모리노미야 역 → 도보 16분 → 오사카 성

히가시우메다 역 → 다니마치센(7분, 230엔) → 다니마치욘초메 역 → 도보 18분 → 오사카 성

닛폰바시 역 → 사카이스지센(3분, 230엔) → 사카이스지혼마치 역 → 츄오센(4분) → 모리노미야 역 → 도보 15분 → 오사카 성

난바 역 → 미도스지센(4분, 230엔) → 혼마치 역 → 츄오센(6분) → 다니마치욘초메 역 → 도보 18분 → 오사카 성

주요 역

모리노미야 역, 다니마치욘초메 역, 오사카조코엔 역, 덴마바시 역

오사카 성에서 도보 소요 시간

오사카 역사박물관 5분, 카라호리 25분

오사카 성 일본 역사의 중심지

大阪城, 오사카조

수백 년 전 전란의 시대부터 태평양 전쟁을 거쳐 근현대에 이르기까지, 흥망성쇠를 거듭하며 오사카의 상징을 넘어 오사카의 역사 그 자체가 된 곳이다. 구마모토 성, 나고야 성, 히메지 성 등 일본을 대표하는 여러 성 중에서도 가장 잘 알려져 있고, 오사카를 찾은 여행객들은 꼭 들르는 명소다.

거대한 성벽과 해자, 숲으로 가득한 약 1km^{2}의 부지 가운데 우뚝 솟은 천수각(天守閣)은 빌딩숲 사이에서도 한눈에 들어올 정도로 독특하고 화려한 외관을 자랑한다. 현재의 천수각은 철근콘크리트 건물로 1931년 전면 재건된 것이다. 외부는 고증에 따라 옛 모습으로 설계되었으며, 내부는 오사카 성의 자료가 전시되어 있는 박물관으로 활용되고 있다. 1~8층으로 구성된 박물관에는 갑옷과 무기, 병풍 등 다양한 문화재와 도요토미 시대의 오사카 성 미니어처, 영상 자료가 전시되어 있다. 천수각 정상에 있는 50m 높이의 전망대에 오르면 오사카의 전경이 시원하게 펼쳐진다.

1 히데요시 관련 영상을 볼 수 있는 천수각 7층의 영상 전시실

오사카 성을 관람하는 루트는 정해진 것이 없으므로 개별 일정에 따라 편하게 관람하면 되지만, 서쪽의 오테몬(大手門)으로 들어서서 혼마루(本丸)의 정문인 사쿠라몬(桜門)을 통과해 천수각으로 가는 루트를 추천한다. 거대한 호수 같은 외부 해자와 물이 없는 내부 해자인 카라호리, 센간야구라 망루, 호코쿠 신사, 130톤짜리 거석 타코이시, 구 오사카 시립박물관, 타임캡슐 등을 차례대로 볼 수 있다. 일정에 여유가 있다면 니시노마루 정원(입장료 200엔)에도 들러 넓은 잔디밭에서 흐드러지는 벚꽃을 즐겨봐도 좋다.

2

2 '혼마루의 높은 석벽(本丸の高石垣)'으로 불리는 벽과 해자. 높은 곳은 해자 바닥 기준으로 32m에 달한다.
3 오사카 성 공원
4 호코쿠 신사(豊国神社)에서 결혼식을 올리는 사람들
5 천수각에서 바라본 오사카 전경

오사카 성이 있기 전 이곳에는 이시야마혼간지(石山本願寺)라는 사원이 세력을 떨치고 있었다. 전국 통일을 꿈꾸던 오다 노부나가가 혼간지를 굴복시켰고, 오다 노부나가 사후 도요토미 히데요시가 혼간지 터에 오사카 성을 구축하기 시작했다. 전국시대의 축성 기술이 모두 동원되어 난공불락의 요새로 지어진 오사카 성은 도쿠가와 이에야스가 세력을 잡으면서 완전히 새롭게 태어난다. 도요토미 시대의 성벽과 해자는 파괴되고 천수각도 옮겨지는데 당시의 흔적은 1959년이 되어서야 발견된다.(현재도 오사카 성 혼마루 지하에는 도요토미 시대의 석벽이 묻혀 있다) 이후에도 숱한 화재와 전쟁을 겪은 오사카 성은 태평양 전쟁 시기 군사시설로 사용되기도 했으며, 지금은 국가 사적지와 도시 공원으로 정비되어 많은 일본인들의 사랑을 받고 있다.

whenever TIP

1. 천수각 내부에는 다양한 전시시설이 있다. 특히 3층의 황금다실 실제 크기 모형(촬영 불가), 5층의 '오사카 여름 전투(大阪夏の陣)' 병풍과 미니어처, 8층의 스테레오스코프 '나니와 풍경'이 볼 만하다.
2. 오사카 성에는 예쁜 인증샷을 찍을 수 있는 곳이 많다. 혼마루 남쪽 모서리에 있는 일본정원(日本庭園)과 천수각 북쪽의 고쿠라쿠바시(極楽橋)에 가면 물에 비친 천수각 풍경이 일품이다.

whenever INFO

교통: 오사카메트로 다니마치센·츄오센 다니마치욘초메 역(谷町4丁目駅) 1-B 출구로 나와 오사카 성 공원 서남부까지 도보 5분 / 오사카메트로 다니마치센 덴마바시 역(天満橋駅) 3번 출구 왼쪽 20m 직진 후 좌회전 후 오사카 성 공원 서북부까지 도보 5분 / 오사카메트로 츄오센·나가호리츠루미료쿠치센·JR 칸조센 모리노미야 역(森ノ宮駅) 3B 출구에서 오사카 성 공원 동남부까지 도보 5분 / JR 칸죠센 오사카조코엔 역(大阪城公園駅)에서 오사카 성 공원 동북부까지 도보 5분
입장료: 성인 600엔 (천수각) *주유패스 소지 시 무료
시간: 9:00~17:00
(입장 마감 16:30, 벚꽃철 및 골든위크에는 연장)
전화: 06-6941-3044
주소: 大阪市中央区大阪城1-1
홈페이지:
오사카 성 천수각 www.osakacastle.net
오사카 성 공원 osakacastlepark.jp

오사카 성을 찾은 학생들

テレビ★

오사카 역사박물관 오사카의 역사 속으로 여행을 떠나자

大阪歴史博物館, 오사카레키시하쿠부츠칸

오사카 성 공원의 남서쪽에 위치한, 세련된 외관의 오사카 역사박물관은 1960년 개관한 오사카 시립박물관이 그 전신으로 2001년 현재의 위치로 이전하면서 지금의 모습으로 거듭났다. 콘셉트는 '도시, 오사카'. 현대적인 디자인의 박물관 건물 앞에는 5세기의 창고 한 채가 복원되어 있어 이곳이 박물관임을 멀리서도 알게 해준다. 내부는 10층부터 7층까지 내려오면서 관람하도록 구성되어 있다. 층을 내려오면서 자연스럽게 고대에서 현대에 이르는 오사카의 역사를 탐험할 수 있어 이채롭다.

10층은 고대의 나니와(오사카의 옛 명칭) 시대를 다룬다. 창밖으로 펼쳐진 나니와 궁 사적 공원을 내려다볼 수 있고, 당시의 궁중의상과 궁전 모형도 감상할 수 있다. 사전 신청을 하면 박물관 지하에서 진행되고 있는 나니와 궁 발굴 현장을 관람할 수 있으니 놓치지 말자. 9층에는 오다 노부나가가 등장하는 전국시대부터 에도시대, 그리고 '물의 도시',

1 오사카 역사박물관 앞에 위치한 나니와 궁 사적 공원
2 나니와 궁의 궁녀들의 복식
3 계단에서 보이는 오사카 성 공원

'천하의 부엌'이라 불리며 상업이 발달했던 오사카의 풍경들이 유물, 그림, 미니어처 등으로 전시되어 있다. 8층은 유적 발굴의 과정을 재현해 보여주며 체험도 할 수 있도록 꾸며져 있으며, 7층은 오사카의 전성기, 다시 말해 1910년대부터 태평양 전쟁 전까지인 '대오사카'시대를 재현하고 있다. 당시의 주택이나 각종 가게, 극장을 돌아보다 보면 당시 일제강점기를 겪던 우리나라의 상황과 오버랩되면서 여러 가지 생각이 들기도 한다.

4 대오사카 시대 도톤보리 극장의 모습
5 '천하의 부엌'의 시대 전시관. '물의 도시' 오사카의 상업과 무역의 현장을 재현했다.
6 오사카 혼간지 마을 모형
7 현대 유물 전시

whenever TIP

표를 구입할 때 한국어 음성 가이드 기기를 대여하면(200엔) 전시물마다 친절하고 상세한 설명을 들을 수 있다.

whenever INFO

교통: 오사카메트로 다니마치센·츄오센 다니마치욘초메 역(谷町4丁目駅) 9번 출구로 나와 왼쪽으로 도보 1분
관람료: 성인 600엔, 고등대학생 400엔, 중학생 이하 무료 *주유패스 소지 시 무료
시간: 9:30~17:00(입장 마감 16:30, 매주 화 12/28~1/4 휴관)
전화: 06-6946-5728
주소: 大阪市中央区大手前4丁目1-32
홈페이지: www.mus-his.city.osaka.jp/kor

6

7
SINGER

카라호리 느긋한 복고풍 거리와 장난감 천국

태평양 전쟁 당시 대규모 공습으로 오사카는 많은 피해를 입었다. 하지만 운 좋게 공습을 피해 오늘날까지 옛 정취를 고스란히 간직한 지역들도 있는데, 대표적인 곳이 키타 구의 나카자키초와 츄오 구의 카라호리다.

카라호리는 나카자키초처럼 관광객으로 가득한 번화가와는 완전히 다른, 조용하고 느긋한 분위기를 자랑한다. 한적하고 스타일리시한 카페 골목은 물론 현지인들의 일상이 묻어나는 전통시장인 카라호리 상점가 역시 빼놓을 수 없다. 이곳에는 새로 입점한 가게보다 오랫동안 살아온 주민들이 자택에서 가게를 운영하는 마치야(町家)가 많다.

마츠야마치 역 네거리에서 남북으로 이어진 마츠야마치스지에는 장난감 도매 거리인 맛챠마치스지(まっちゃまち筋)가 자리한다. 전통 인형, 장난감, 마츠리 용품 전문 도매상이 밀집해 있어 방문객들의 흥미를 자극한다.

whenever TIP

1. 카라호리는 꽤 면적이 넓은 데다 오사카의 다른 지역과 달리 오르막길이 많다. 편하고 여유로운 여행을 위해서는 자전거를 대여하는 것도 한 방법이다. 마츠야마치 역 3번 출구 인근, '렌(練)' 1층의 우에마치 자전거(うえまち貸自転車)에서 1시간 당 300엔, 1일 1300엔에 자전거를 빌려준다.(여권 등 신분증 필요, 영업시간 11:00~17:00, 수 휴무)
2. 맛챠마치스지를 모두 돌아볼 여유가 없다면, 마츠야마치 역 1번 출구 앞에 있는 마스무라닌교텐(増村人形店)만이라도 둘러보자. 찾기도 쉽고 상품도 다양하다.

whenever INFO

교통: 오사카메트로 나가호리츠루미료쿠치센 마츠야마치 역(松屋町駅) 3번 출구 동쪽 일대
주소: 大阪市中央区谷町6-17-43
홈페이지: 맛챠마치스지 www.matuyamati.com

1 맛챠마치스지 모습

名物
串かつ
横綱
日本一の串かつ
横綱
よこづな
満員御礼
自慢
串かつ
キレイに!
未成年者への
アルコール類の提供を
お断りさせて
頂いております。
au 4G LTE
800MHz

텐노지

Tennoji

가는 방법

출발	교통편	도착
간사이 국제공항 제1·2터미널	리무진 버스 (70분, 1,500엔)	아베노하루카스
JR간사이쿠코 역	JR간사이 공항선 (55분, 1,060엔)	JR텐노지 역
우메다 역	미도스지센 (15분 280엔)	텐노지 역
난바 역	미도스지센 (6분, 230엔)	텐노지 역

주요 역

텐노지 역, 오사카아베노바시 역, 도부츠엔마에 역, 에비스초 역, 아베노바시 역

텐노지 역에서 도보 소요 시간

텐노지 동물원 15분, 아베노하루카스 3분, 시텐노지 10분, 쟌쟌요코초 10분

신세카이

100여 년 역사의 화려한 거리와 서민들의 술자리

오사카의 그 어떤 곳보다도 원색 가득하고, 밤이 되면 불타오르듯 눈부신 거리가 있다. 바로 100년의 역사를 가진 신세카이다. 현란한 간판과 맛집이 가득한 거리라는 점에서 언뜻 도톤보리와 비슷하지만, 도톤보리에는 없는 올드한 느낌과 서민적인 분위기가 독특한 매력을 발산한다. 신세카이는 낮보다 밤이 더욱 볼 만한데, 불야성을 이루는 휘황찬란한 조명은 물론 거대한 복어 모형 등 재미있는 간판이 시선을 사로잡는다.

신세카이의 북쪽에는 츠텐카쿠를 중심으로 서민적인 상점가가 방사형으로 펴져 있다. 츠텐카쿠는 높이가 100m 정도에 불과하지만, 한때는 동양에서 가장 높은 건물이었다. 수십 년 전부터 일본의 만화, 드라마, 영화에 배경으로 등장하며 신세카이를 넘어 오사카의 랜드마크로 자리매김했으며, 내부에는 전망대인 텐보 파라다이스, 빌리켄 신전, 디오라마 전시관, 근육맨 박물관 등이 들어서 있다.

1 츠텐카쿠와 신세카이 일대 야경

신세카이의 중심부에는 쿠시카츠 전문점을 비롯한 각종 맛집이 밀집해 있다. 남쪽에는 유명 잡화점인 돈키호테와 대형 사우나 스파월드, 그리고 복고풍 가득한 이자카야 골목인 쟌쟌요코초까지 자리잡고 있어 쇼핑부터 휴식까지 다양하게 즐길 수 있다.

황무지나 다름 없었던 이곳이 변하기 시작한 것은 1903년 개최된 제5회 오사카권업박람회 덕분이었다. 1912년에는 츠텐카쿠와 루나파크가 개업하며 '오사카의 새로운 명소'라는 뜻의 신세카이라는 이름이 붙여졌다. 루나파크에는 일본 최초의 여객용 케이블카가 있었고, 밤에도 화려한 조명이 들어와 당시 사람들에게는 그야말로 '신세계'로 불렸다. 하지만 인근 지역에 비슷한 번화가가 생기기 시작하면서 루나파크는 1923년 폐장하고, 1943년에는 전쟁 물자 공출을 이유로 츠텐카쿠도 해체된다. 전쟁 후 츠텐카쿠는 재건되었지만 이후에도 신세카이는 재기의 활로를 찾지 못한 채 쇠퇴의 길을 걸었다.

2 츠텐카쿠 전망대에서 본 신세카이 일대
3 츠텐카쿠 전망대에서 본 텐노지 공원과 아베노하루카스
4 츠텐카쿠 5층 빌리켄 신전
5 츠텐카쿠 3층의 디오라마 전시관. 1대 츠텐카쿠와 루나파크를 재현했다.

신세카이가 다시 살아나기 시작한 것은 80~90년대에 들어서다. 개발되지 않아 올드한 분위기가 남아 있던 것이 오히려 매력 포인트로 주목 받으며 새로운 관광지로 부각된 것이다. 파칭코, 성인영화 극장이 있던 공간들을 쿠시카츠 전문점과 타코야키 등의 서민 음식점이 대체하며 이곳은 우리가 아는 현재의 신세카이가 되었다.

4

5

whenever TIP

신세카이 주위 지역은 치안이 좋지 않은 편이다. 인근에 여행자 숙소도 많은 만큼 안전에 특히 유의하자.

whenever INFO

신세카이

교통: 오사카메트로 사카이스지센 에비스초 역(恵美須町駅) 3번 출구 직진 도보 5분 / 오사카메트로 미도스지센 도부츠엔마에 역(動物園前駅) 1번 출구로 나와 왼쪽 철로 아래 길 통과(쟌쟌요코초 통과) / 한카이 전차 한카이센 에비스초 역(恵美須町駅) 출구로 나와 바로 보이는 횡단보도 건너 도보 5분 / JR칸조센 신이마미야 역(新今宮駅) 동쪽 출구 도보 10분

주소: 츠보라야 신세카이점 大阪市浪速区恵美須東2-5-5

홈페이지: shinsekai.net

츠텐카쿠

교통: 오사카메트로 사카이스지센 에비스초 역(恵美須町駅) 3번 출구 직진 도보 5분 / 오사카메트로 미도스지센 도부츠엔마에 역(動物園前駅) 1번 출구로 나와 왼쪽 철로 아래 길 통과(쟌쟌요코초 통과) 후 도보 5분 / JR칸조센 신이마미야 역(新今宮駅) 동쪽 출구 도보 10분 / 한카이 전차 한카이센 에비스초 역(恵美須町駅) 출구로 나와 바로 보이는 횡단보도 건너 도보 5분

입장료 : 고등학생 이상 700엔, 만5세-중학생 400엔, 텐보 파라다이스 500엔 *주유패스 소지 시 무료(평일 한정)

시간: 9:00~21:00(연중무휴)

전화: 06-6641-9555

주소: 大阪市浪速区恵美須東1-18-6

홈페이지: www.tsutenkaku.co.jp

아베노하루카스

간사이 최고 높이, 기분까지 맑아지는 전망대

2014년에 문을 연 일본에서 가장 높은 건물로, 58~60층에는 간사이 지역에서 가장 높은 전망대인 '하루카스300'이 자리한다. 맑은 날에는 교토와 롯코 산, 아카시 해협대교, 심지어 간사이 공항까지 감상할 수 있다. 건물 외부 전체가 유리로 되어 있고, 3단계의 입체구조와 묘하게 휘어진 직선이 힘차게 하늘로 뻗어 있어 개방감과 긴장감을 동시에 만끽할 수 있다. 오사카 어디에서 보아도 존재감이 넘치는 것이 매력이지만 우메다 스카이빌딩 공중정원과는 달리 주유패스로 입장은 불가능하다.

1 동쪽 풍경에 대한 설명, 나라 현, 야오 시, 히라노 구 등
2 하루카스 16층에 위치한
하루카스300 매표소와 엘리베이터
3 하루카스300에서 바라본 츠텐카쿠 타워와 전경

옥상 헬기장에서 더욱 생생하게 전망을 감상할 수 있는 헬리포트 투어도 이용할 수 있다. 고도 300m에서 바람을 맞으며 360도로 오사카의 풍경을 느낄 수 있다.(요금 500엔, 선착순 입장) 야간에는 빛과 소리를 이용한 일루미네이션 쇼 이벤트도 벌어진다. 58층의 카페 다이닝 바 스카이 가든 300에서는 식사와 차를 즐기며 오사카의 풍경을 맘껏 누릴 수 있다.

'아베노'는 아베노(阿倍野)라는 지역 이름에서, '하루카스'는 헤이안시대의 옛말(晴るかす, 맑게 하다)에서 따왔다고 한다. 저층(지하2층~14층)은 긴테츠 백화점과 미술관, 중층(17층~36층)에는 사무실, 고층(38층~60층)은 호텔과 전망대로 구성되어 있다.

whenever TIP

낮밤의 풍경을 모두 즐기고 싶은 전망대 마니아라면 과감하게 450엔을 추가해 원데이 티켓을 구매해보자. 하루에도 몇 번이고 방문할 수 있다.

whenever INFO

교통: 오사카아베노바시 역(大阪阿部野橋駅)과 직결 / 오사카메트로 미도스지센·다니마치센·JR칸조센 텐노지 역(天王寺駅) 1번 출구에서 도보 3분
입장료: 전망대 성인 1,500엔, 중고생 1,200엔, 초등생 700엔, 4세 이상 유아 500엔
시간: 9:00~22:00(당일권 판매 8:50~21:30)
전화: 06-6624-1111
주소: 大阪市阿倍野区阿倍野筋1-1-43
홈페이지:
www.abenoharukas-300.jp/kr/observatory

4 아베노하루카스 앞 아베노 인도교(阿倍野歩道橋)
5 전망대에서 바라보는 오사카 야경
6 케이타쿠엔(慶沢園) 정원에서 본 아베노하루카스
7 58층 카페 다이닝 바

6

7

아베노하루카스 전망대에서 경험하는 일몰

시텐노지 1400년 역사의 도심 속 사원

일본에 현존하는 불교 사찰 중 가장 오랜 역사와 명성을 자랑하는 곳으로, 593년 쇼토쿠 태자에 의해 건립되었다. 행정구역인 텐노지 구, 인근의 텐노지 역은 모두 시텐노지에서 이름을 따온 것이다.

창건 당시에는 백제의 영향을 받은 아스카 양식을 띠었으나, 오랜 세월 동안 태풍과 화재, 전쟁으로 여러 차례 재건되는 과정에서 많은 변화를 겪었다. 특히 5층탑과 금당을 비롯한 주요 건물은 철근콘크리트 건물로 지어져 아쉬움이 남는다. 하지만 중문, 강당, 금당, 5층탑이 남북 직선으로 놓이고 회랑이 둘러싸는 가람(사찰의 건물 배치)의 배치는 창건 당시와 동일하다. 직사각형의 회랑을 느긋하게 걸으며 5층탑과 금당을 감상해보자. 특히 해 질 녘의 실루엣이 아름답다. 5층탑은 정상까지 올라갈 수 있지만, 내부가 좁고 그물이 쳐져 있어 전경이 좋지는 않다.

1 중심가람으로 통하는 서중문(西重門)
2 중심가람의 회랑
3 중심가람의 지붕

중심가람과 혼보테이엔(本坊庭園) 정원은 300엔, 창건 당시 물품 등 500여 점의 국보급 중요 문화재를 소장한 호모츠칸(宝物館)은 500엔(성인 기준)의 입장료를 받지만 그 외에는 무료입장이다. 도심 가운데 있으면서도 24시간 개방되어 있어(일부 건물 제외) 방문하기 편리하다. 입장료를 받지 않는 경내 건물 중 볼 만한 곳으로는 쇼토쿠 태자를 모시는 타이시덴(太子殿), 죽은 이의 명복을 비는 로쿠지도(六時堂), 각종 제례를 치르는 이시부타이(石舞台), 고인의 이름을 쓴 무늬목을 씻으면 극랑왕생한다는 카메이도(亀井堂)를 꼽을 수 있다. 중문에 안치된, 거대한 금강역사상도 볼거리다.

*쇼토쿠 태자(聖徳太子)
일본 아스카시대 왕족이자 정치인. 한반도와 중국의 선진 문물과 불교를 도입하고 정치 체계를 정립하는 등 중앙집권 국가로서의 체제 확립을 도모했다. 일본에서는 모르는 사람이 없을 정도로 유명하며, '태자신앙(太子信仰)'으로 오늘날에도 추앙받고 있다.

whenever TIP

매월 21·22일은 시텐노지 경내에서 에도시대부터 이어진 벼룩시장이 열린다. 골동품들을 구경할 수 있으며 중심가람도 무료로 관람할 수 있다.

whenever INFO

교통: 오사카메트로 미도스지센·다니마치센 텐노지역(天王寺駅) 7번 출구에서 약 500m 직진 후 시텐노지마에(四天王寺前) 교차로에서 우회전 / 오사카메트로 다니마치센 시텐노지마에유히가오카 역(四天王寺前夕陽ヶ丘駅) 4번 출구에서 약 400m 직진 후 시텐노지마에(四天王寺前) 교차로에서 좌회전
입장료: 중심가람 성인 300엔, 중학생 이하 무료 *주유패스 소지 시 무료
시간: [본당·중심가람·정원] 동계(10-3월) 8:30-16:00, 하계(4-9월) 8:30-16:30 [로쿠지도] 8:30-18:00
전화: 06-6771-0066
주소: 大阪市天王寺区四天王寺1-11-18
홈페이지: www.shitennoji.or.jp

4 로쿠지도와 이시부타이를 진행하는 무대와 거북이 연못

텐노지 동물원

100주년을 맞이한 도심 속 동물의 왕국

天王寺動物園, 텐노지도부츠엔

오사카라는 대도시의 한가운데 있는 '동물의 왕국' 텐노지 동물원에서는 약 200종, 1000마리 이상의 동물들이 모여 살아간다. 총 누적 유료 방문객 수가 1억 명을 돌파했을 정도로 인기가 좋다. 동물의 서식지를 최대한 자연스럽게 재현하고 동물을 방목하듯이 배치해놓았는데, 기린과 얼룩말이 함께 어울리며 어슬렁거리는 모습을 보면 마치 실제 사바나에 온 것처럼 느껴진다.

1915년에 개원한 텐노지 동물원은 일본에서 세 번째로 긴 역사를 자랑한다. 1930년대까지는 인기가 하늘을 찔러 지금보다도 동물이 더 많았다고 하는데, 태평양 전쟁 당시 공습에 대비해 맹수들을 살처분하면서 위기를 맞기도 했다. 이후 1950년에 들어온 코끼리 하루코가 인기를 끌며 동물원은 다시 명성을 되찾게 되었다. 동물원의 명실상부한 아이콘이었던 하루코는 2014년까지 장수하며 오사카 시민들의 사랑을 받았다.

1 '아시아의 열대우림' 구역의 코끼리
2 아프리카 사바나 구역의 얼룩말과 기린
3 케이타쿠엔 정원의 쉼터

뉴질랜드의 국조(國鳥)인 키위를 일본에서 유일하게 볼 수 있으며, 사자, 호랑이, 래서팬더와 같은 인기 동물 외에도 동물에게 직접 먹이를 주거나 만져볼 수 있는 만남의 광장, 아시아의 열대우림도 볼 만하다. 매년 여름에는 저녁 9시까지 연장 개장하는 나이트 주(Night Zoo) 이벤트가 열린다.

일정에 여유가 있다면, 인근의 케이타쿠엔(慶沢園) 정원과 텐시바(てんしば) 공원도 방문해보자. 오사카 시립미술관 뒤에 있는 케이타쿠엔은 정통 일본식 정원으로, 가운데 섬을 둘러싼 큰 연못과 주위의 숲이 멋스럽게 조화되어 계절마다 아름다운 풍경을 선사한다.(입장료 150엔) 2015년 10월 개장한 텐시바 공원은 텐노지 동물원과 텐노지 역 사이에 있다. 생긴 지 얼마 되지 않았지만, 주말이 되면 넓은 잔디밭이 가족과 연인 방문객으로 가득할 정도로 인기가 높다. 카페 및 레스토랑, 풋살 경기장, 반려동물 놀이터까지 다양한 시설이 갖추어져 있어 여행 중 휴식을 취하기에도 좋다.

whenever INFO

교통: 오사카메트로 미도스지센·사카이스지센 도부츠엔마에 역(動物園前) 1번 출구로 나와 왼쪽 도보 10분 / 미도스지센·다니마치센·JR칸조센 텐노지 역(天王寺駅) 21번 출구로 나와 텐시바 공원(てんしば)을 가로질러 도보 10분 후 텐노지 측 입구(てんしばゲート)로 입장

입장료 : 성인 500엔, 초중생 200엔, 미취학 아동 무료 *주유패스 소지 시 무료

시간: 9:30~17:00(입장 마감 16:00, 월 휴관)

전화: 06-6771-8401

주소: 大阪市天王寺区茶臼山町1-108

홈페이지: www.city.osaka.lg.jp/contents/wdu170/tennojizoo

3

오사카 시립 자연사박물관 일본의 자연사를 한눈에

大阪市立自然史博物館, 오사카시리츠 시젠시하쿠부츠칸

공룡에 푹 빠진 아이들과 자연사에 관심 있는 어른이라면 오사카 시립 자연사박물관과 나가이 식물원을 방문해보자. 박물관 입장권을 구입하면 식물원은 무료입장이 가능해 가족 여행객에게 제격이다.

박물관은 상설전시관인 제1~4전시실과 특별전시실, 뮤지엄숍 등으로 이루어져 있다. 상설전시관에서는 오늘날 우리의 생활과 연관되어 있는 '친밀한 자연'부터 지구 생명의 역사와 진화까지 폭넓게 다루고 있다. 제2전시실 '지구와 생명의 역사'에서는 공룡을 비롯해 한때 지구를 누볐던 거대한 고대 생물의 화석이 시선을 압도한다.

박물관 관람 후에는 식물원으로 발길을 돌려보자. 사계절 내내 여러 꽃들이 교대로 피어나 산책만으로도 만족감을 느낄 수 있다. 화려한 일루미네이션을 자랑하는 나이트 가든, 장미철의 로즈 위크, 감자 재배 체험회 등 1년 내내 다양한 이벤트가 끊이지 않는다.

제2전시실 메가테리움

whenever TIP

공원의 면적이 넓은 편이라 소요 시간은 박물관 관람까지 총 4시간 정도 잡아야 한다.

whenever INFO

교통: 오사카메트로 미도스지센 나가이 역(長居駅) 1번 출구에서 공원을 가로질러 도보 10분
입장료: 식물원 200엔, 식물원+자연사박물관 300엔, 중학생 이하 무료 *주요패스 소지 시 무료
시간: 3~10월 9:30~17:00, 11~2월 9:30~16:30(입장 마감 폐관 30분 전, 월·연말연시 휴관)
전화: 식물원 06-6696-7117, 자연사박물관 06-6697-6221
주소: 大阪市東住吉区長居公園1-23
홈페이지: 식물원 www.nagai-park.jp/n-syoku 자연사박물관 www.mus-nh.city.osaka.jp

박물관 입구

쟌쟌요코초 붉은 조명의 환락가에서 복고풍 먹자골목으로

신세카이의 남동부에 위치한 좁은 아케이드 상점가이다. 200m 남짓한 거리에 쿠시카츠 전문점, 스시, 타코야키, 야키토리 등 각종 맛집이 오밀조밀 모여 있는 가운데 기원이나 잡화점, 헌책방도 끼어 있어 분위기가 꽤 독특하다. 골목이 많이 좁은 편이라 다니기에 다소 불편할 수 있지만 그래서 더욱 활기찬 현지의 모습을 느낄 수 있다.

정식 명칭은 난요도리(南陽通) 상점가이다. 쟌쟌요코초는 애칭으로, 과거에 이곳을 지날 때 손님을 유혹하는 샤미센(三味線, 일본의 전통악기) 소리가 양쪽에서 '쟌쟌'하고 들려와 붙은 이름이라고 한다.

쟌쟌요코초는 1920년대 당시 일급 환락가였던 신세카이를 출입하는 길목에 있었기 때문에, 취객을 상대로 한 술집이나 성매매 업체가 늘어나면서 번성한 것으로 전해진다. 태평양 전쟁의 공습으로 한때 주춤했지만 전후에도 유명 스트립쇼가 열리는 등 환락가로서 이름을 날렸다. 이후 법적인 규제를 받아 현재는 'B급 요리'라 불리는 서민 음식점과 선술집이 그 자리를 차지했고, 신세카이와 더불어 복고풍 여행지로 유명해졌다.

whenever INFO

교통: 오사카메트로 미도스지센 도부츠엔마에 역(動物園前駅) 1번 출구로 나와 왼쪽 철로 아래 길 통과 / 지하철 사카이스지센 에비스초 역(恵美須町駅) 3번 출구 도보 10분

주소: 쿠시카츠 텐구 大阪市浪速区恵美須東3-4-10

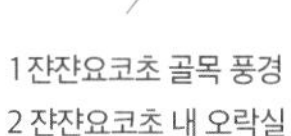

1 쟌쟌요코초 골목 풍경
2 쟌쟌요코초 내 오락실

한카이 전차 낡은 노면전차에서 바라보는 차창 밖의 오사카

阪堺電車, 한카이덴샤

노면전차는 당시 시대상을 완성하는 하나의 클리셰다. 우리나라에서는 이제 볼 수 없는 노면전차를 오사카에서 만나보자. 오사카 시와 사카이 시를 연결하는 한카이 전기궤도, 약칭 한카이 전차는 현지인들에게는 평범한 통근수단이지만 여행객에게는 색다른 경험을 선사한다.

한카이 전차의 전신은 1897년에 설립된 오사카 마차철도다. 운행하는 전차 중에는 70~80년의 연륜을 자랑하는 것들이 적지 않으며, 대부분의 정류장은 낡고 작은 무인 정류장으로 운영되고 있다. 번화가나 쇼핑에 지친 여행객이나 사진 애호가들에게는 더없이 좋은 여행수단이다.

노선으로는 혼센과 우에마치센(上町線)이 운영 중이다. 스미요시토리이마에(住吉鳥居前) 정류장에서 내리면 스미요시타이샤 신사에 편리하게 갈 수 있다. 하지만 그 외에는 유명 관광지가 없다는 것이 단점이다. 일정상 종점까지 이동하기 부담스럽다면, 스미요시(住吉) 정류장에서 운임을 지불하고 환승권을 받은 뒤 다시 도심으로 돌아오면 된다.

전차 내부

whenever TIP

1. 뒷문으로 탄 뒤, 목적지에 도착하면 앞문으로 내리면서 운임을 내면 된다.
2. 여러 번 승하차를 반복할 계획이라면, 전 구간 1일 자유권인 테쿠테쿠킷푸(てくてくきっぷ)가 필수이다. 티켓을 받아 원하는 날짜를 골라 긁으면 해당일에 사용 가능하다. 하차 시 기사에게 보여주기만 하면 OK. 각 노선 종점 정류장에서 사도 되고, 전차 내에서 기사에게 사도 된다.

whenever INFO

운임: 성인 210엔, 아동 110엔 (전 구간 1회 탑승 기준) / 테쿠테쿠킷푸(てくてくきっぷ) 성인 600엔, 소아 200엔.
시간: 텐노지에키마에 역(天王寺駅前) 기준 5:38~23:35
전화: 분실물 문의 06-6671-5170
주소: 텐노지에키마에 大阪市阿倍野区阿倍野筋1
홈페이지: www.hankai.co.jp

전차 내부

야마토가와 강 위를 지나는 전차

베이 에어리어

Bay Area

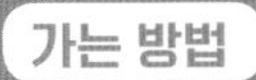

가는 방법

- 간사이 국제공항 제1·2터미널 → 리무진 버스 (60분, 1,550엔) → 덴포잔
- JR간사이 공항 역 → JR간사이 공항선 (63분, 1,190엔) → 벤텐초 역 → 츄오센(5분, 230엔) → 오사카코 역
- 니시우메다 역 → 요츠바시센 (3분, 280엔) → 혼마치 역 → 츄오센(10분) → 오사카코 역
- 난바 역 → 센니치마에센 (5분, 280엔) → 이와자 역 → 츄오센(9분) → 오사카코 역
- 닛폰바시 역 → 사카이스지센 (3분, 280엔) → 사카이스지혼마치 역 → 츄오센(9분 → 오사카코 역

주요 역

오사카코 역, 코스모스퀘어 역

오사카코 역에서 도보 소요 시간

가이유칸, 10분, 덴포잔 대관람차 7분, 코스모타워(코스모스퀘어 역에서) 도보 15분

가이유칸 초대형 수족관에서 고래상어와 눈맞춤을

수량(水量) 기준, 세계에서 다섯 손가락 안에 드는 초대형 수족관에서 한가로이 헤엄치는 고래상어를 만나보자. 거대한 고래상어와 가오리로 유명한 가이유칸은 오키나와 츄라우미 수족관과 함께 일본에서 가장 유명한 수족관으로 꼽힌다. 1990년 개업해 2016년에는 누적 관객 7,000만 명을 돌파했을 정도로 인기가 높다.

관람은 일본의 숲에 사는 수달을 볼 수 있는 니혼노모리(日本の森)에서 시작된다. 5400톤의 물로 태평양을 재현한 초대형 수조를 나선형으로 도는 동선을 따라가다 보면 남북극, 오사카 근해, 파나마, 몰디브 등에 사는 다양한 생물들을 만나볼 수 있다. 주인공 격인 고래상어 외에도 해달, 물범, 펭귄, 돌고래, 개복치, 바다거북, 해파리 등 TV에서만 보던 동물들이 눈앞에 펼쳐진다. 가이유칸에는 어류뿐만 아니라 양서류, 파충류, 조류까지 총 620종, 3만 점에 이르는 다양한 생물들이 서식하고 있다.

1 천장형 돔형 수조에서 볼 수 있는 고리무늬물범
2 덴포잔 대관람차에서 본 가이유칸

해양 생물들을 조금 더 가까이서 보고, 냄새를 맡고, 손으로 만져볼 수 있는 체험형 전시 공간도 있다. 천장 돔형 수조에서 고리무늬물범이 재빠르게 움직이는 모습을 감상한 뒤 한층 올라오면, 실제 북극의 추위가 몰아닥치는 듯한 공간에서 물범의 냄새와 소리까지 느낄 수 있다. 몰디브 제도를 재현한 얕고 넓은 수조에서는 상어나 가오리를 직접 만져볼 수 있어 아이들에게 대단한 인기를 얻고 있다. 손에서 빠져나가는 미끌거리는 촉감이 익숙하면서도 생경하게 전해진다.

3 수중 터널 아쿠아게이트
4 메인 수족관에서 쥐가오리 등
다양한 해양 생물을 만날 수 있다.

whenever TIP

1. 동물마다 조금씩 다르지만 10:00-11:30, 15:00-16:30에 방문하면 동물들의 식사하는 모습과 함께 간단한 공연을 감상할 수 있다.
2. 가이유칸 입장료+오사카메트로 및 버스, 뉴트램 1일 승차권+오사카 약 30곳의 관광시설 할인권이 포함된 오사카 가이유 킷푸(OSAKA海遊きっぷ, 고등학생 이상 2550엔)는 오사카메트로 매표소에서 구입 가능하다.(www.kaiyukan.com/language/korean/kaiyu.html) 입장 시 제시하면 산타마리아 호 600엔 할인, 덴포잔 대관람차 100엔 할인 등 혜택이 있다.
3. 가이유칸+대관람차의 세트권(3,000엔)과 가이유칸+산타마리아 세트권(3,200엔) 중에서 본인에게 필요한 것을 선택하자.

whenever INFO

교통: 오사카메트로 츄오센 오사카코 역(大阪港駅) 1번 출구 직진 도보 7분 후 대관람차 앞 횡단보도에서 왼쪽 직진 도보 7분
입장료: 60세 이상 2,000엔, 16세 이상 2,300엔, 7~15세 1,200엔, 4~6세 600엔, 3세 이하 무료
시간: 10:00-20:00(입장 마감 폐관 1시간 전)
전화: 06-6576-5501
주소: 大阪市港区海岸通1-1-10
홈페이지: www.kaiyukan.com

덴포잔 하버빌리지

바다도 보고, 먹자골목에서 먹고, 대관람차도 타고

덴포잔 하버빌리지는 가이유칸과 마켓 플레이스, 대관람차, 산타마리아 관광선 등 다양한 시설이 갖추어진 일종의 테마파크이다. 모든 시설을 즐기는 데에 하루 종일 걸릴 정도로 다양한 볼거리와 먹거리가 마련돼 있다. 바다 맞은편의 유니버설 스튜디오 재팬과 더불어 오사카 항만 지역 여행을 책임지고 있는 곳이다.

덴포잔 마켓 플레이스는 가이유칸과 대관람차 사이에 위치한다. 오사카의 특산물이나 캐릭터 상품, 패션, 푸드코트 등 80여 개의 점포가 영업 중이다. 실내 미니 동물원인 덴포잔 아니파(天保山アニパ)와 레고랜드, 나니와쿠이신보요코초(なにわ食いしんぼ横丁) 등 독특하고 유명한 시설이 입점해 있어 언제나 방문객이 많은 편이다.

1 LED 조명으로 빛나는 덴포잔 대관람차
2 덴포잔 하버빌리지 풍경
3 레고랜드 디스커버리 센터
4 오사카 먹자골목을 재현한 나니와쿠이신보요코초

레고랜드 디스커버리 센터 오사카는 어린이부터 어른까지 모든 연령층이 사랑하는 레고 천국이다. 단순한 레고 판매점이 아니라 레고 4D 시네마, 레고로 구성한 작은 테마파크이다. 놀이터를 비롯해, 오사카를 재현해놓은 미니랜드 등 레고 나니와쿠이신보요코초는 번성하던 1960년대의 오사카 거리를 재현해 놓은 먹자골목이다. 타코야키, 이카야키, 쿠시카츠 등 오사카의 명물 먹거리를 레트로한 분위기에서 맛볼 수 있다. '나니와'는 오사카의 옛 이름, '쿠이신보'는 먹보, '요코초'는 골목을 의미한다.

마켓 플레이스 옆의 대관람차도 놓칠 수 없다. 최고 112.5m의 높이를 자랑하며, 맑은 날에는 아카시 해협 대교와 간사이 국제공항까지 볼 수 있다. 바닥이 투명해 하늘에 떠 있는 듯한 느낌이 드는 시스루 캐빈은 인기가 높아 따로 줄을 서야 할 정도이다. 밤에는 화려한 LED 조명으로 오사카의 밤하늘을 아름답게 수놓는다.

whenever INFO

교통: 오사카메트로 츄오센(中央線) 오사카코 역(大阪港駅) 1번 출구 직진 도보 7분
입장료 : 레고랜드 1,600엔~, 대관람차 800엔 *어린이 동반 시 주유패스 소지한 성인 입장 무료
시간: 11:00-20:00, [레고랜드] 주중 10:00-17:00, 주말 및 공휴일 10:00-20:00, [대관람차] 10:00-22:00
전화: 06-6576-5501
주소: 大阪市港区海岸通1-1-10
홈페이지: www.kaiyukan.com/thv

오사카 항 부두로 소풍 온 아이들

산타마리아 호

500년 전 범선에서 즐기는 오사카 항의 일몰

サンタマリア, 산타마리아

덴포잔 하버빌리지에서는 크리스토퍼 콜럼버스가 대서양을 횡단했던 배를 2배 크기로 복원한, 범선형 관광선 산타마리아 호를 타고 오사카 항 일대의 바다를 누빌 수 있다. 고풍스러운 외관의 배와 오사카 항의 일몰이 근사하게 어우러진다는 점에서 방문할 이유는 충분하다.

700~800명의 승객을 수용할 수 있는 만큼, 출항 전 줄이 길게 늘어서 있더라도 겁먹을 필요 없다. 하지만 갑판 등 바다가 잘 보이는 곳을 차지하기 위한 경쟁이 치열하므로 줄을 잘 서는 센스는 필요하다. 배의 1층에 자리한 콜럼버스의 방(Sala de Colum)에는 콜럼버스에 대한 자료와 대항해 시대의 물건 등이 전시되어 있다. 2층에는 식당이 있어 간단한 음식과 함께 바다 전경을 즐길 수 있다.

산타마리아 호는 주간 매 정시에 출항하는 데이 크루즈와 일몰 시간에 출항하는 트와이라이트 크루즈로 나뉘어 운행한다. 데이 크루즈는 45분간 시원한 바람을 맞으며 오사카 항 일대를 돌아본다. 트와이라이트 크루즈는 예약제로 운영되며 60분간 타오르는 일몰과 눈부신 야경을 즐길 수 있다. 일본에서도 흔치 않게 서쪽을 향해 있는 오사카 항에서 아름다운 일몰을 만끽해보자.

1 산타마리아 호 2층 식당
2 오사카 항의 일몰과 산타마리아 호
3 덴포잔 대교(天保山大橋)로 향하는 산타마리아 호

whenever TIP

1. 입장권을 세트로 구입하면 저렴하게 다양한 시설을 이용할 수 있다.
*가이유칸(2300엔) + 산타마리아 호 데이 크루즈(1600엔) = 3200엔(700엔 할인)
*덴포잔 대관람차(800엔) + 산타마리아 호 데이 크루즈(1600엔) = 2100엔(300엔 할인)
2. 덴포잔 대관람차와 산타마리아 호를 타고 야경을 즐길 커플의 경우 로맨틱 페어 티켓(ロマンティック・ペアチケット)을 추천한다.

whenever INFO

교통: 오사카메트로 츄오센 오사카코 역 1번 출구 직진 도보 10분(덴포잔 하버빌리지 가이유칸 서쪽 부두)
요금 : 데이 크루즈 1,600엔, 아동 800엔 / 트와이라이트 크루즈 2,100엔, 아동 1,050엔 *주유패스 소지 시 무료
시간: 데이 크루즈 11:00-17:00 / 트와이라이트 크루즈 17:30 출발(10월), 18:30 출발(4-6월, 9월), 19:00 출발(7-8월)
전화: 0570-04-5551
주소: 大阪市港区海岸通1-1-10
홈페이지: www.kaiyukan.com/thv/cruise

오사카 부 사키시마 청사 코스모타워

덴포잔 하버빌리지와 눈부신 바다가 펼쳐지는 전망대

大阪府咲洲庁舎「コスモタワー」, 오사카후 사키시마초사 코스모타와

오사카의 서쪽 항만 지역과 덴포잔 하버빌리지를 한눈에 내려다볼 수 있는 곳에 사키시마 청사 전망대가 자리해 있다. 사키시마 청사 건물의 꼭대기인 55층에 위치한 이 전망대는 시내에서 다소 떨어져 있지만, 그 덕분에 더욱 탁 트인 전경을 감상할 수 있다. 덴포잔 하버빌리지의 낮과 밤을 제대로 확인할 수 있으며 아름다운 일몰을 감상하기에도 제격이다.

사키시마 청사 전망대는 한때 서일본에서 가장 높은 전망대였지만, 현재는 아베노하루카스에 그 자리를 내주었다. 원래는 월드 트레이드 센터 빌딩의 하나로 건설되었으나 90년대 일본의 거품 경제 붕괴로 인해 개발이 더뎌졌다. 현재는 오사카 부의 행정시설을 입주시켜 청사로 활용하고 있다.

사키시마 청사가 있는 난코(南港, 남항) 일대는 이름 그대로 오사카 항 남쪽을 매립해 만든 인공섬의 항만 지역이다. 난코 안은 뉴트램이 대각선으로 가로질러 연결하고 있으며, 포트타운이라는 건설 사업을 통해 학교, 공원, 상업시설들도 들어서 있다. 주요 시설로는 사키시마 청사, 대규모 복합시설 ATC(아시아태평양트레이드센터), 페리 터미널 등이 있다.

1 높이 256m의 코스모타워
2 전망대에서 본 페리 터미널

whenever TIP

1. 사키시마 청사 전망대는 당일 1회에 한해 재입장이 가능하니 일정에 참고하자.
2. 타워 일대는 밤이 되면 인적이 드물다. 안전을 위해 주간에 방문하는 것을 권한다.

whenever INFO

교통: 오사카메트로 츄오센(中央線), 뉴토라무(ニュートラム) 코스모스퀘어 역(コスモスクエア駅) 1번 출구 도보 10분 / 뉴토라무(ニュートラム) 트레이드센터마에 역(トレードセンター前駅) 1번 출구 도보 3분
입장료: 성인 700엔, 중학생 이하 400엔 *주유패스 소지 시 무료
시간: 11:00~22:00(입장 마감 21:30, 월 휴관)
전화: 06-6615-6055
주소: 大阪市住之江区南港北1-14-16
홈페이지: sakishima-observatory.com

오사카 북부

Northern Osaka

아사히 맥주공장 가는 방법

닛폰바시 역 → 사카이스지센 키타센리 행 (25분, 420엔) → **한큐스이타 역**

- 사카이스지센 키타센리 행만 무환승

한큐우메다 역 → 한큐교토센 보통 키타센리 행(15분, 220엔) → **한큐스이타 역**

- 한큐교토센 보통 키타센리 행만 무환승

만박기념공원 가는 방법

우메다 역 → 미도스지센 센리츄오 행 (21분, 370엔) → **기타오사카 급행 센리츄오 역**

도보 6분

오사카모노레일 센리츄오 역 → 오사카모노레일 (6분, 250엔) → **만박기념공원**

난바 역 → 미도스지센 센리츄오 행 (30분, 420엔) → **기타오사카 급행 센리츄오 역**

도보 6분

오사카모노레일 센리츄오 역 → 오사카모노레일 (6분, 250엔) → **만박기념공원**

아사히 맥주공장 생산 즉시 맛보는 일본 대표 맥주

アサヒビール吹田工場, 아사히비루스이타코조

부드러운 맛으로 우리나라에서도 폭넓은 사랑을 받고 있는 아사히 맥주를 일본 현지 공장에서 직접 맛보자! 훌륭한 수질, 편리한 교통 등 맥주 제조에 더없이 좋은 환경을 자랑하는 스이타 시에 자리한 아사히 맥주 스이타 공장은 1891년 준공된 이래 오늘날까지 맥주를 생산해오고 있는, 아사히의 대표 공장 중 한 곳이다. 많은 공정이 현대화된 요즘에도 공장 외벽이나 여러 조형물에서 준공 당시의 흔적을 엿볼 수 있다.

무료 견학 코스를 신청하면 맥주의 제조 과정도 직접 볼 수 있고, 맥주에 관한 재미있는 상식도 배워볼 수 있다. 견학 과정은 영상물 시청으로 시작한다. 120년 역사의 브랜드 자료 전시관과 맥주의 주원료인 맥아, 발효 숙성 과정, 공장의 생산라인을 둘러본 후 세계 각국의 진귀한 맥주병 전시관으로 이동한다.

1 견학 팸플릿
2 아사히 맥주 스이타 공장 외관

견학을 마친 뒤에는 공장에서 생산된 맥주도 마셔볼 수 있다.(20분간 3잔까지) 아사히의 간판 제품인 슈퍼드라이, 슈퍼드라이블랙, 엑스트라골드, 드라이블랙이 준비되어 있지만 사정에 따라 변경될 수 있으며 미성년자의 경우 소프트 드링크로 대체 가능하다. 갓 만들어진 신선한 맥주의 맛은 시중의 일반 맥주와 격을 달리하므로, 평소에 맥주에 관심을 두고 있던 여행객들에게는 놓칠 수 없는 기회가 되어 줄 것이다.

whenever TIP

공장 견학 프로그램은 사전에 전화 예약을 해야 참여가 가능하다. 프로그램은 일본어로 진행되며, 영어 진행을 원한다면 역시 전화로 미리 예약해야 한다.

whenever INFO

교통: 도카이도혼센(東海道本線) JR교토센(JR京都線) 스이타 역(吹田駅) 동쪽 개찰구(東改札)로 나와 지하로 이동, 북출구(北出口)로 나와서 공장 외벽을 따라 약 500m / 한큐센리센(阪急千里線) 스이타 역 동쪽 개찰구(東改札)로 나와 도보 10분
시간: 9:00~17:00(연말연시 휴무)
전화: 06-6388-1943
주소: 大阪府吹田市西の庄町1-45
홈페이지: www.asahibeer.co.jp/brewery/suita

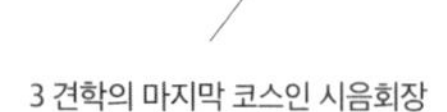

3 견학의 마지막 코스인 시음회장

만박기념공원 & 엑스포 시티

빛나는 '태양의 탑' 아래 자리한 도심 속 휴식처

万博記念公園, 반파쿠키넨코엔

1970년 개최된 일본 만국박람회를 기념해 조성된 만박기념공원은 광대한 면적과 독특한 모습의 '태양의 탑'으로 잘 알려진 오사카의 랜드마크이다. 〈20세기 소년〉 등 일본의 유명 만화에 심심치 않게 등장해온 태양의 탑은 만국박람회를 기념해 일본의 대표 작가 오카모토 타로가 제작한 것이다. 공원 내에 체험할 만한 시설이 많지는 않지만 도심 속의 숲으로서 시민들과 여행객들의 휴식처 역할을 톡톡히 하고 있다. 전체 부지의 약 3분의 2를 차지하는 자연문화원에는 사계절 꽃과 나무로 가득한 숲이 펼쳐져 있으며, 일본정원에서는 전통 일본식 정원의 정수를 느낄 수 있다. 공원 부지 곳곳에 남은 박람회 당시 시설이나 일본민예관, 박물관을 모두 둘러보다 보면 한나절이 금세 지난다.

1 만박기념공원의 상징인 '태양의 탑'
2 소라도(ソラード) 전망타워
3 엑스포 시티와 오사카 휠

조용하고 전원적인 느낌이 강한 만국박람회 기념공원과 달리, 맞은편에 자리한 엑스포 시티는 현대적인 테마파크에 가깝다. 8개의 대형 엔터테인먼트 시설과 300여 개 이상의 점포를 가진 쇼핑센터, 영화관 등을 합친 복합 시설로 2015년 11월에 개관했다. '살아있는 박물관'으로 불리는 체험형 수족관 겸 동물원인 니후레루(NIFREL)가 유명하다. 2016년 7월에 개장한, 높이 123m의 일본 최대 관람차인 레드호스 오사카 휠(REDHORSE OSAKA WHEEL)도 인기가 높다. 모든 곤돌라의 바닥이 투명해 넘치는 긴장감 속에서 오사카의 전망을 만끽할 수 있다.

만박기념공원과 엑스포 시티 자체의 입장료는 없지만 일본정원과 자연문화공원은 따로 입장료를 받는다. 특히 엑스포 시티의 시설들은 입장료가 비싼 편이며, 주말에는 몰려드는 사람들로 긴 줄을 서야 할 수 있다는 점을 참고하자.

whenever TIP

만박기념공원은 매우 넓기 때문에 어떻게 돌아봐야 할지 난감해지기 십상이다. 태양의 탑 정면을 기준으로, 오른쪽의 자연문화원으로 시작해 크게 시계방향으로 도는 루트를 추천한다.

whenever INFO

만박기념공원

교통: 오사카모노레일(大阪モノレール) 반파쿠키넨코엔 역(万博記念公園駅) 도보 5분

입장료: 일본정원·자연문화공원 통합 250엔, 초중학생 70엔

시간: 9:30~16:30(수, 연말연시 휴무)

전화: 06-6877-7387

주소: 吹田市千里万博公園1-1

홈페이지: www.expo70-park.jp

엑스포 시티

교통: 오사카모노레일 반파쿠키넨코엔 역 도보 5분

전화: 06-6170-5590

주소: 吹田市千里万博公園2-1

홈페이지: www.expocity-mf.com

오마츠리 광장과 태양의 탑

ルスタンド
1 2

JURASSIC PARK

유니버설 스튜디오 재팬 & 린쿠타운

Universal Studios Japan & Rinku Town

유니버설 스튜디오 재팬 가는 방법

• 7:17 이후 JR오사카 역에서 JR오사카칸조센 사쿠라지마 행을 이용하면 무환승 이동 가능

린쿠타운 가는 방법

간사이 국제공항 → 린쿠타운
난카이 공항선 급행
(6분, 370엔)

간사이 국제공항 → 린쿠타운
스카이셔틀버스
(20분, 200엔)

난바 → 린쿠타운
난카이 공항선 급행
(40분, 760엔)

유니버설 스튜디오 재팬 오사카를 여행하는 또 하나의 이유

상상을 뛰어넘는 할리우드 영화의 세계, 흥분과 감동의 라이드와 공연까지. 유니버설 스튜디오 재팬(USJ)은 유니버설 스튜디오의 미국 외 진출 1호 테마파크로 스티븐 스필버그가 크리에이티브 총감독을 맡아 화제가 되었다. 2001년 개장해 2014년 기준 세계 테마파크 입장객 수 5위, 유니버설 스튜디오 중에서는 가장 높은 방문객 수를 자랑한다. 최근에는 유니버설 영화뿐 아니라 〈진격의 거인〉, 〈원피스〉, 〈드래곤볼〉 같은 일본 애니메이션이나 게임과의 협업으로 다양한 즐거움을 주고 있다. 주요 어트랙션도 신설하거나 리뉴얼하는 등 유니버설 스튜디오 재팬은 언제나 새로운 모습으로 현지인과 외국인 모두에게 사랑 받는, 오사카 최고의 관광지다.

입장권(스튜디오 패스)은 1일권 기준 성인이 7,400엔, 어린이가 5,100엔이다. 모든 시설을 이용할 수 있는 자유이용권이긴 하지만 비싸게 느껴지는 것도 사실이다. 하지만 그 많은 어트랙션과 공연의 완성도가 매우 높아 입장권에 대한 부담은 눈 녹듯 사라질 것이다.

1 유니버설 스튜디오 재팬의 상징 호그와트 성
2 영화 속 모습을 그대로 재현한 호그스미드 마을

문제는 인파로 인한 대기줄이다. 주말, 평일 가리지 않고 워낙 사람이 많은 곳이라 미리 그날의 혼잡도를 예상하는 사이트까지 있을 정도다. 그나마 주말보다는 평일이 낫고 오사카 시내에 큰 행사가 있는 날이라면 조금 더 한산하다. 효과적인 동선을 위해서는 미리 지도를 파악하고 어떤 어트랙션을 탈지 정해두는 것이 좋다(홈페이지에서 전체 지도의 PDF 파일을 다운받을 수 있다). 인기 1, 2위를 다투는 쥬라기공원의 '플라잉 다이너소어'나 해리포터의 '포비든저니'를 꼭 타고 싶다면, 아침잠을 포기하고 개장 1시간 전에(상황에 따라 공지된 개장시간보다 30분 전에 개장하는 경우도 있다) 도착해 대기하고 있다 오픈과 동시에 달려가야 한다.

이런 상황을 피하고 싶다면 '익스프레스 패스'를 이용해보자. 우선 입장이 가능한 티켓으로, 몇 시간의 대기줄이 단 몇 분으로 줄어든다. 익스프레스 패스에는 여러 종류가 있으며, '유니버설 익스프레스 패스 4'처럼 이름에 이용할 수 있는 어트랙션의 수가 붙은 것이 일반적이다.

3 죠스 포토존(유료)
4 쥬라기공원 굿즈숍 포토존(유료)
5 유니버설 RE-BOOOOOOOORN 퍼레이드

입장하고 나면 입구에서부터 오른쪽으로 스누피, 헬로키티, 세서미 스트리트 등 아이들에게 인기가 많은 '유니버설 원더랜드' 지역과 위저딩 월드 오브 해리포터, 죠스의 애머티 빌리지, 플라잉 다이너소어가 있는 쥬라기공원, 항구도시를 이미지화 한 샌프란시스코, 스파이더맨이 사는 뉴욕이 이어지며, 입구와 직선 지점에 할리우드의 거리 풍경과 영화 스튜디오가 재현된 '할리우드' 지역을 마지막으로 확인할 수 있다. 2017년에는 미니언즈의 '하챠메챠' 지역이 오픈해 어린이들의 큰 사랑을 받고 있다.

화려하기로 유명한 퍼레이드, 곳곳에서 열리는 짧은 공연들과 쇼핑, 스튜디오 구경, 먹거리까지 굳이 어트랙션을 타지 않아도 즐길 거리가 충분하다. 친구끼리 옷이나 귀여운 캐릭터 상품을 착용하며 각자만의 재밋거리를 만들어봐도 좋다. 여름에는 모두가 물을 뿌리며 춤을 추는 쿨링 타임과 좀비 나이트, 9월부터는 핼러윈 시즌과 겨울철 크리스마스까지 다채로운 행사가 이어진다.

whenever TIP

1. 음식값이 꽤 비싼 편이고 그마저도 대기줄이 상당할 수 있으니, 도시락을 준비해가는 것을 추천한다.
2. 사람들이 메인 로드로 몰리는 퍼레이드 시간에 어트랙션을 이용해보자.

whenever INFO

교통: JR사쿠라지마센(JR桜島線) 유니버설시티 역(ユニバーサルシティ駅)에서 도보 10분
입장료 : 1DAY 스튜디오 패스 12세 이상 7,400엔, 4-11세 5,100엔, 65세 이상은 6,700엔(기타 홈페이지 참조)
시간: 8:30-21:00(예고 없이 변경되는 경우가 잦으니 방문 전에 반드시 홈페이지에서 스케줄을 확인해야 한다. 어트랙션 역시 날씨 등의 이유로 운영이 중지되거나 변경되는 일이 잦으므로 사전에 반드시 스케줄을 확인하자)
전화: 0570-20-0606, 06-6465-4005
주소: 大阪市此花区桜島二丁目1-33
홈페이지: www.usj.co.jp/kr

유니버설 스튜디오 재팬 제대로 즐기기

유니버설 스튜디오 재팬(이하 유니버설)을 제대로 즐기고 싶다면 1.5일 입장권(10,900엔)이나 2일 입장권(13,400엔)을 구매하는 것이 좋다. 1.5일 입장권은 1일차 15시부터 입장해 2일차 전일 입장이 가능하며, 2일권은 연속 이틀간 방문 가능한 입장권이다. 유니버설 회원의 경우 생일달과 그 다음 달까지 특별 할인을 적용받을 수 있는 버스데이 1 · 2일권을 구매하자. 유니버설 일본 공식 사이트에서 직접 구입할 수 있으며 입장권과 익스프레스 패스 모두 QR 코드를 읽는 방식이므로 프린트해 들고 가거나, 핸드폰 화면에 캡처해두면 편하다.

유니버설 스튜디오 재팬 팁

대기 시간이 궁금하다면 앱을 이용하자

대기 시간을 줄이고 싶다면 개장 시간보다 일찍 도착해 대기하다 개장하자마자 인기 어트랙션인 해리포터 포비든 저니, 미니언 메이햄, 다이너소어부터 탑승하는 것이 좋다. 어트랙션별로 실시간 대기 시간을 확인할 수 있는 앱(待ち時間 for USJ)을 이용해 현장에서 순서를 정하는 것도 좋다.

스페셜 엔트리 티켓으로 일찍 입장하자

스페셜 엔트리 티켓은 공식 개장 시간보다 먼저 입장할 수 있는 티켓으로 하루카스 전망대 티켓과 함께 구매할 수 있다. 아베노 하루카스 전망대를 방문할 예정이라면 이용해볼 만하다. 하루카스 전망대를 먼저 방문해 유니버설 개장시간과 엔트리 티켓을 받으면, 다음 날 스페셜 엔트리 입구에서 조기 입장이 가능하다.

혼자라면 싱글라이더를 이용하자

동행인과 별도로 1명씩 라이드 공석에 탑승하는 싱글라이더를 이용하면 대기 시간을 단축할 수 있다. 싱글라이더는 할리우드 드림 더 라이드, 스페이스 판타지 더 라이드, 어메이징 어드벤처 오브 스파이더맨, 더 플라잉 다이너소어, 쥬라기공원 더 라이드, 죠스에서 운영한다.

대기 시간을 줄이는 확실한 방법, 익스프레스 패스

아이를 동반한 가족 여행자라면 익스프레스 패스를 추가로 구매하는 것이 좋다. 익스프레스 패스는 인기 어트랙션을 대기 시간 없이 빠르게 이용할 수 있는 티켓으로 1인 1매만 구매가 가능하다(환불불가). 정규 패스는 익스프레스 패스 3 · 4 · 6 · 7 (4종류)이며 이용 일자에 따라 금액이 다르다. 익스프레스 패스는 입장권과 별도로 구매해야 하고 주말에는 요금이 더 비싸다. 또한 날짜에 따라 한정 수량만 판매하므로 홈페이지 혹은 국내 여행사에서 사전에 구매하기를 권한다.

유니버설 익스프레스 패스 종류

유니버설 익스프레스 패스 7

ユニバーサル·エクスプレス™·パス 7 (10,400~18,400엔)

해리포터 앤드 더 포비든 저니, 플라이드 오브 더 히포그리프, 미니언 메이햄 + 어메이징 어드벤처 오브 스파이더맨 라이드/죠스 중 1개 + 할리우드 드림 더 라이드/백드래프트 중 1개 + 쥬라기공원 더 라이드/터미네이터 중 1개

· **익스프레스 7 스탠다드**

루팡3세 카체이스 XR라이드 + 동일 놀이기구 6종

· **익스프레스 7 에반게리온 XR라이드**

에반게리온 XR라이드 + 동일 놀이기구 6종

· **익스프레스 7 플라잉 다이너소어**

더 플라잉 다이너소어 + 동일 놀이기구 6종

· **익스프레스 7 백드롭**

백드롭+동일 놀이기구 6종

유니버설 익스프레스 패스 6

ユニバーサル·エクスプレス™·パス 6 (6,900~16,200엔)

해리포터 앤드 더 포비든 저니, 플라이드 오브 더 히포그리프, 미니언 메이햄 + 어메이징 어드벤처 오브 스파이더맨 라이드/죠스 중 1개 + 할리우드 드림 더 라이드/백드래프트 중 1개, 쥬라기공원 더 라이드/터미네이터 중 1개

유니버설 익스프레스 패스 4

ユニバーサル·エクスプレス™·パス 4 (5,200~12,800엔)

· **익스프레스 4 스탠다드**

해리포터 앤드 더 포비든 저니 + 루팡3세 카체이스 XR라이드 + 어메이징 어드벤처 오브 스파이더맨 라이드/쥬라기공원 더 라이드 중 1개 + 터미네이터/백드래프트/죠스 중 1개

· **익스프레스 4 더 플라잉 다이너소어**

해리포터 앤드 더 포비든 저니 + 더 플라잉 다이너소어 + 어메이징 어드벤처 오브 스파이더맨 라이드/할리우드 드림 더 라이드 중 1개 + 죠스/백드래프트/터미네이터 중 1개

· **익스프레스 4 미니언 라이드**

해리포터 앤드 더 포비든 저니 + 미니언 메이햄 + 어메이징 어드벤처 오브 스파이더맨 라이드/쥬라기공원 더 라이드 중 1개 + 죠스/백드래프트/터미네이터 중 1개

유니버설 익스프레스 패스 3

ユニバーサル·エクスプレス™·パス 3 (4,200~8,400엔)

· **익스프레스 3 미니언 라이드**

미니언 메이햄 + 어메이징 어드벤처 오브 스파이더맨 라이드/쥬라기공원 더 라이드 중 1개 + 백드래프트/터미네이터 중 1개

· **익스프레스 3 스탠다드**

미니언 메이햄 + 루팡3세 카체이스 XR라이드 + 쥬라기공원 더 라이드/죠스/백드래프트 중 1개

린쿠타운 간사이 최대 아웃렛과 붉은 석양의 해안공원

간사이 국제공항 건너편에 자리한 린쿠 프리미엄 아웃렛은 입점한 브랜드가 200여 개가 넘고 연간 방문객 수만 약 500만 명에 달할 정도로 간사이 최대 규모를 자랑한다. 미국 사우스캐롤라이나 주의 항구도시 찰스턴을 모델로 하며 리조트 콘셉트로 디자인되었다. 시중가보다 기본 20~50% 저렴한 가격에 물품을 구입할 수 있으며 이벤트나 세일 기간에는 80~90% 할인 가격으로도 쇼핑이 가능한 만큼 귀국 전 마지막 쇼핑을 즐기기에 제격이다. 눈부신 마블비치와 해안공원, 대관람차 등 볼거리도 많아 쇼핑 목적이 아니더라도 방문해볼 만하다.

아웃렛 외에 쇼핑, 드럭스토어, 식당가까지 모두 갖추어져 있는 복합 상업시설인 린쿠 프레져타운 시클(SEACLE)도 빼놓을 수 없다. 대관람차인 '린쿠의 별(りんくうの星)'을 타면 린쿠타운 전역과 간사이 국제공항까지 한눈에 들어온다. 해가 지면 켜지는 화려한 조명도 볼거리다.

쇼핑을 마쳤다면 린쿠 공원과 마블비치에서 여정을 마무리하는 것은 어떨까. 린쿠 공원에서는 붉은 석양을 배경으로 쉼 없이 뜨고 내리는 비행기를 바라볼 수 있다. 총 길이 약 3km의 마블비치는 새하얀 조약돌이 파도와 만나 부르는 노래를 들으며 산책하기에 더없이 좋다.

1 린쿠 프리미엄 아웃렛 야경
2 린쿠 프리미엄 아웃렛 중앙 광장

whenever TIP

1. 충분히 쇼핑을 즐기려면 4시간 이상의 여유를 두는 것이 좋다.
2. 오사카 부에서 제공하는 린쿠타운 지역 한국어 가이드도 활용해볼 만하다.
3. 방문 전에 린쿠 프리미엄 아웃렛 홈페이지에서 세일 및 이벤트 정보를 미리 확인하자.

whenever INFO

린쿠 프리미엄 아웃렛

교통: JR간사이쿠코센(関西空港線) 난카이쿠코센(南海空港線) 린쿠타운 역(りんくうタウン駅)과 도보 10분 내 직결 / 간사이 국제공항-린쿠 프리미엄 아웃렛 스카이셔틀버스(소요시간 약 20분 / 성인 200엔, 아동 100엔)
시간: 10:00-20:00(2월 셋째 목요일 휴관)
전화: 072-458-4600
주소: 泉佐野市りんくう往来南3-28
홈페이지: www.premiumoutlets.co.jp/kor/rinku/

린쿠 프레져타운/시클

교통: JR간사이쿠코센 난카이쿠코센 린쿠타운 역과 도보 10분 내 직결
시간: 10:00-20:00, 레스토랑 11:00-22:00, 대관람차 10:00-21:00(발권 마감 -20:30)
전화: 072-461-4196
주소: 泉佐野市りんくう往来南3
홈페이지: www.seacle.jp

마블 비치 풍경

Osaka Food

오사카는 '일본의 부엌'으로 불릴 정도로 다양하고 맛 좋은 먹거리가 많다.
그중에서도 오코노미야키, 타코야키 등으로 대표되는 밀가루 음식과 우동, 라멘과 같은 국물 중심 음식이 대표적이다.
쿠시카츠로 대표되는 튀김도 빼놓을 수 없다. 오사카는 예로부터 물류·상업의 중심지였기에 다양한 사람들이 모여들었고,
전국 각지의 식재료도 집중되었다. 오사카에서 코나몬(밀가루) 문화가 발달한 것도 상업이 발달한
지역적인 특성에 기인한다. 여유롭게 오래 앉아 밥 먹을 시간이 없던 상인들은 빨리 먹고 다시 상점에 들어가 일을 해야 했다.
그래서 조리 시간이 짧고 금세 배가 부르는 밀가루 음식을 선호한 것이다.
오로지 먹방을 위해 여행 오는 사람이 있을 정도로 맛있는 요리가 많은 오사카에서 미식의 기쁨을 누려보자.

코나몬 粉もん

오모니 オモニ

재일교포가 만든 담백한 오코노미야키

오모니는 많은 재일교포가 살고 있는 츠루하시에서 시작된 오코노미야키 집으로 교포들은 물론 현지인들도 찾아와서 먹는 유명 맛집이 되었다. 이곳 오코노미야키는 밀가루 비중이 적은 대신 양배추, 고기, 해산물 등의 재료가 매우 풍부하다. 소스 또한 간이 적당하고 식감도 잘 살아 있어 우리 입맛에도 아주 잘 맞는다.

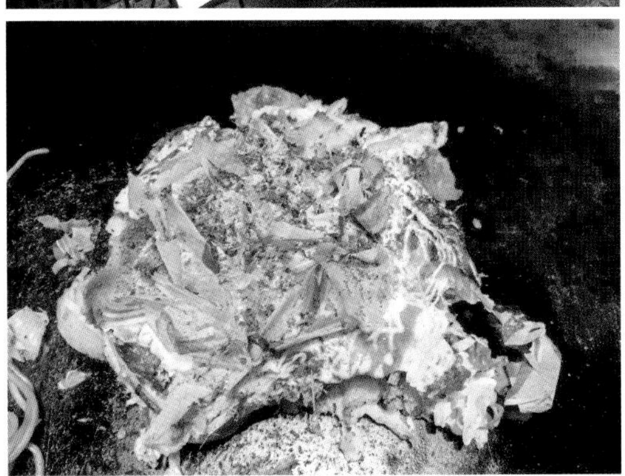

추천 : 오모니야키(オモニ焼き) 1,000엔 / **교통** : 우메다 역에서 도보 5분, 그랜드 프론트 오사카 남관 7층 / **시간** : 11:30-23:00(월 휴무) / **전화** : 06-6717-0094 / **주소** : 大阪市北区大深町4-1 グランフロント大阪 南館 7F / **지도** : 284쪽

타코야키도라쿠 와나카 わなか アメリカ

아침부터 저녁까지 타코야키 파티!

오사카 타코야키 대표 맛집 중 하나다. 맛 하나로 반세기 역사를 증명한다 할 만큼 타코야키의 정석을 맛볼 수 있는데, 촉촉한 속반죽과 충실한 문어 고명, 바삭하게 구워진 겉반죽이 환상의 조화를 이룬다. 늘 대기줄이 길지만 90공 철판들이 쉴 새 없이 돌아가는 덕분에 회전율이 빠르다. 실내 좌석도 마련돼 있다.

추천 : 타코야키(たこ焼) 8개 450엔 / **교통** : 난카이난바 역 북 출입구에서 도보 3분 / 닛폰바시 역 5번 출구에서 도보 5분 / 난바 그랜드 카게츠 옆 **시간** : 10:00-23:00, 주말·공휴일 8:30-23:00 / **전화** : 06-6631-0127 / **주소** : 大阪市中央区難波千日前11-19 1·2F / **홈페이지** : takoyaki-wanaka.com/kr / **지도** : 285쪽

키지 きじ 本店

본점

우메다에서 가장 평가가 좋은 오코노미야키

현지인 사이에서 우메다 최고의 오코노미야키로 꼽히는 곳으로 최근에는 여러 여행 책에 소개되어, 길게 늘어선 대기줄을 쉽게 볼 수 있다. 본점보다 우메다 스카이빌딩 지점이 더 인기가 많은데, 두 지점의 맛 차이가 크지 않으므로 상대적으로 사람이 적은 본점으로 가는 것을 추천한다. 대표 메뉴는 스지야키. 소 힘줄이 들어간 오코노미야키인데 맛이 매우 좋다.

추천 : 스지야키(すじ焼き) 870엔 / **교통** : 우메다 역에서 도보 3분 신우메다 식당가 / **시간** : 월-토 11:30-21:30(일 휴무) / **전화** : 06-6361-5804 / **주소** : 大阪市北区角田町9-20 新梅田食堂街 / **지도** : 284쪽

야마짱 やまちゃん 本店

본점

제대로 구운 타코야키의 정석

겉은 바삭, 속은 말랑말랑 촉촉하게 구워야 잘 구운 타코야키라고 할 수 있다. 텐노지에 있는 야마짱은 수준급 기술로 맛깔스럽게 타코야키를 구워낸다. 반죽에는 맛국물을 사용해서 별다른 소스가 필요 없을 정도다. 원조를 맛보고 싶다면 오리지널을, 가장 맛있는 메뉴를 먹고 싶다면 소스와 마요네즈가 뿌려진 영을 고르자.

추천 : 영(ヤング) 8개 400엔, 베스트(ベスト) 6개 330엔 / **교통** : 텐노지 역 8번 출구에서 도보 1분 / **시간** : 월-토 11:00-23:00, 일·공휴일 11:00-22:30(매달 셋째 목 휴무) / **전화** : 06-6622-5307(포장 예약 가능) / **주소** : 大阪市阿倍野区阿倍野筋1-2-34 / **홈페이지** : takoyaki-yamachan.net / **지도** : 287쪽

후쿠타로 福太郎

난바에서 가장 유명하고 맛있는 오코노미야키

일본 맛집 비교 사이트인 타베로그에서 오사카 지역 오코노미야키 랭킹 1위를 몇 년간 유지하고 있는 곳이다. 미쉐린 가이드에도 빕그루망으로 3년째 등재되어 있어서 언제나 사람들로 붐빈다. 대표 메뉴는 네기야키. 우리나라의 파전처럼 파를 가득 넣어서 만든 것인데, 후쿠타로가 유명세를 치르게 된 메뉴이기도 하다.

추천 : 부타네기야키(豚のネギ焼) 960엔, 나나후쿠타마야키(七福玉焼) 1,880엔 **교통** : 난바 역에서 도보 5분 / **시간** : 월-금 17:00-24:30, 토·일 12:00-24:00 / **전화** : 06-6634-2951 / 주소 : 大阪市中央区千日前2-3-17 / **홈페이지** : 2951.jp

하나다코 はなだこ

네기마요 하면 이곳

우메다에서 가장 맛있는 타코야키 집을 알려달라고 하면 누구나 주저 없이 추천하는 곳으로 파를 가득 얹은 네기마요가 맛있기로 소문난 맛집이다. 냉장 보관된 신선한 문어만 사용하고 크기도 아주 크다. 가격이 약간 비싼 편이지만 크기와 맛을 생각하면 전혀 아깝지 않다.

추천 : 네기마요(ネギマヨ) 6개 520엔, 타코야키(たこ焼き) 6개 420엔 / **교통** : JR 오사카 역에서 한큐 백화점 방향 횡단보도를 건너자마자 왼쪽 / **시간** : 10:00-23:00 / **전화** : 06-6361-7518 / **주소** : 大阪市北区角田町9-26 大阪新梅田食道街 1 F / **지도** : 284쪽

라멘 ラーメン

산쿠 三く

숙성된 멸치와 간장의 만남

큰 멸치를 몇 주 동안 발효시킨 후 그 육수를 다시 1년간 숙성시킨 두 가지 간장과 혼합하여, 독특한 국물 맛의 멸치 소유 라멘을 선보이는 곳이다. 오사카 라멘의 기준을 제시하는 곳으로, 발효와 숙성이 빚어낸 국물 맛이 일품인 카케 라멘과 돈코츠와 해산물을 섞어 만든 국물에 우동같이 두툼한 면이 들어간 츠케멘이 대표 메뉴이다. 런치 세트 메뉴와 39분에 제공되는 서비스 디저트도 놓치지 말자.

추천 : 니쿠카케 라멘(肉かけラーメン) 1,000엔, 츠케멘(つけ麺) 830엔 / **교통** : 후쿠시마 역 개찰구에서 도보 10분 / **시간** : 월-토 11:39-14:39·18:39-23:39, 일 11:39-14:39 / **주소** : 大阪市福島区福島2丁目6-5 AKパレス 1F / **지도** : 284쪽

이치란 一蘭

후쿠오카 출신 돈코츠 라멘

돈코츠 라멘 하나로 입맛을 사로잡은 곳이다. 메뉴는 라멘 한 가지지만, 국물 농도, 양념의 양, 면 익힘 정도 등 옵션이 다양해 취향껏 즐길 수 있다. 라면 가운데에 올라가는 얼큰한 비법 소스와 야들야들한 차슈가 일품이다. '맛 집중 카운터'라 불리는 독서실형 카운터석도 인상적인데, 칸막이로 양옆을 차단하고 정면에는 발을 내려 오로지 라멘 맛에만 집중할 수 있게 했다. 면 익힘 정도에서 '질김'은 식감이 단단하므로 '보통'이나 '부드러움'을 선택하는 것을 추천한다.

추천 : 라멘+반숙달걀 910엔 / **교통** : 난바 역 14번 출구에서 도보 4분 / 닛폰바시 역 2번 출구에서 도보 5분 / **시간** : 24시간 연중무휴 / **전화** : 06-6212-1805 / **주소** : 大阪市中央区宗右衛門町7-18 1F / **홈페이지** : ichiran.co.jp / **지도** : 285쪽

*분점(도톤보리 점 야타이관)

시간 : 9:00-23:00 / 전화 : 06-6210-1422 / 주소 : 大阪市中央区道頓堀1-4-16 / 지도 : 285쪽

모에요멘스케 燃えよ 麺助

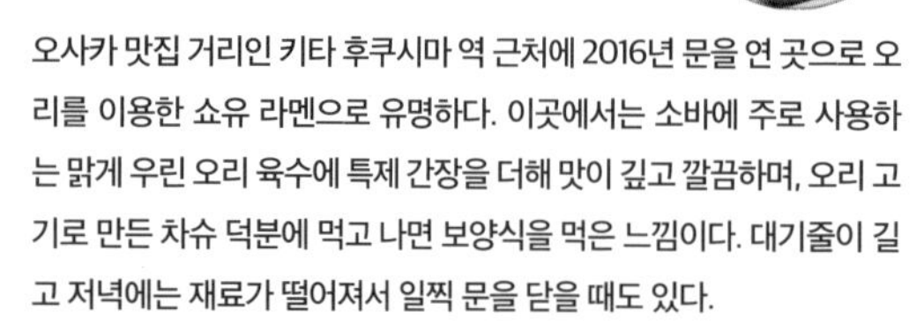

어서와, 오리 라멘은 처음이지?

오사카 맛집 거리인 키타 후쿠시마 역 근처에 2016년 문을 연 곳으로 오리를 이용한 쇼유 라멘으로 유명하다. 이곳에서는 소바에 주로 사용하는 맑게 우린 오리 육수에 특제 간장을 더해 맛이 깊고 깔끔하며, 오리 고기로 만든 차슈 덕분에 먹고 나면 보양식을 먹은 느낌이다. 대기줄이 길고 저녁에는 재료가 떨어져서 일찍 문을 닫을 때도 있다.

추천 : 특제키슈오리소바(特製紀州鴨そば) 1,150엔 / **교통** : JR후쿠시마 역에서 도보 2분 / **시간** : 화-토 11:30-15:00·18:00-21:00, 일 11:30-16:00(월 휴무) / **전화** : 06-6452-2101 / **주소** : 大阪市福島区福島5丁目12-21 / **지도** : 284쪽

세상에서 가장 한가한 라멘집

世界一暇なラーメン屋

세상에서 가장 바쁘고 맛있는 라멘집

맑게 우린 닭고기 육수에 해산물을 더하고 간장으로 맛을 낸 쇼유 라멘을 선보인다. 면과 국물의 조화와 술술 넘어가는 면발이 아주 맛있다. 기본 라멘인 마녀의 빨강(witch's Red)은 닭 쇼유 라멘에 매운 맛을 살짝 더한 라멘. 추천 메뉴는 캡틴 골드(Captain Gold)로, 닭고기 국물의 고소함을 최대치로 끌어내는 쇼유를 사용해 맛이 깔끔하다.

추천 : 캡틴 골드 800엔 / **교통** : 히고바시 역에서 도보 7분, 요도야바시 역에서 도보 10분 / **시간** : 월-토 11:00-22:00(매주 일 휴무)/ **전화** : 06-6449-2722 / **주소** : 大阪市北区中之島3丁目3-23 中之島ダイビル 2F / **홈페이지** : sekaiichi-ramen.com / **지도** : 284쪽

라멘 지콘 나카노시마 페스티벌 프라자점

ラーメン而今 中之島フェスティバルプラザ店

오사카 시오 라멘의 최강자

오사카의 여러 시오 라멘집 중 단연 최고의 맛집으로 꼽히는 시오 라멘 전문점이다. 닭고기 육수에 조개를 섞어 고소하고 깔끔한 뒷맛이 일품이다. 접근성이 좋지 않은 본점 대신 근접한 육수 맛을 내는 나카노시마 지점을 추천한다.

추천 : 특제앗사리시오(特製あっさり塩) 1,000엔 / **교통** : 케이한센 나카노시마선 와타나베바시 역에서 도보 3분, 히고바시 역에서 도보 5분 / **시간**:11:00-23:00(L.O. 22:30) / **전화** : 06-6232-2468 / **주소**:大阪市北区中之島3丁目2-4 中之島 フェスティバル タワー ウエスト B1F / **홈페이지** : menya-jikon.com / **지도** : 284쪽

군조 群青

지옥 같은 분위기에서 맛보는 천국의 맛

진한 돈코츠 스프에 해산물을 첨가해 맛과 향이 풍부하며, 쫄깃쫄깃하고 오동통한 면도 훌륭하다. 단 영업시간이 짧고 휴무가 잦으며(방문 전 페이스북 확인 필수) 간판도 없어 위치를 찾기 다소 어렵다. 가게에 도착하면 내부로 들어가 메뉴를 고르고 티켓을 산 후 다시 나와 줄을 서야 한다.

추천 : 세츠츠케(雪つけ) / **교통** : 텐진바시로쿠초메역 1번 출구로 나와서 첫 번째로 보이는 골목으로 우회전 / **시간** :월·목·금-일 11:00-15:00, 18:00-21:00, 수 18:00-21:00(셋째 수 휴무) / **주소** : 大阪市北区天神橋6丁目3-26 / **지도** : 284쪽

라멘코탄 らーめん古潭

난바시티점

3대가 즐기는 콜라겐 듬뿍 라멘

1968년 창업 당시부터 유지해온 돈코츠 육수 맛으로 유명한 라멘 체인점이다. 뼈를 센 불에 푹 우려내 콜라겐이 국물에 고루 녹아들어 있어 진하고 부드럽다. 국물과 잘 어우러지는 면 또한 일품이다. 학창시절의 맛이 그리워 찾는다는 후기가 많을 정도로 현지인 단골이 많다. 라멘과 세트로 교자(군만두)도 맛볼 수 있다.

추천 : 고탄라멘 간장맛(古潭ラーメン しょうゆ味) 580엔 / **교통** : 난카이난바 역과 연결 / **시간** : 11:00-22:00(주문 마감 21:30, 부정기 휴무)/ 전화 : 06-6644-2519 / **주소** : 大阪市中央区難波5-1-60 なんばCITY本館B2 / **홈페이지** : ramen-kotan.co.jp / **지도** : 285쪽

유아이테이 友愛亭

쇼유라멘의 묵직한 스트레이트 펀치!

덴덴타운 한가운데 자리잡은 쇼유 라멘 전문점이다. 스트레이트, 카미소리, 헤비, 레프트훅 냉면 등 복싱을 연상하게 하는 메뉴 이름과 복싱 선수들의 사진으로 장식된 입간판까지 분위기가 독특하다. 메인 메뉴인 스트레이트 쇼유(ストレート正油)는 정통적인 표준 쇼유 라멘이다. 카미소리 쇼유(カミソリ正油)는 국물이 담백하고 깔끔한 깔끔하다.

추천 : 카미소리 쇼유 650엔 / **교통** : 에비스초 1B 출구에서 도보 4분 / **시간** : 화-금 11:00-15:30, 17:00-21:00, 주말 11:00-21:00(월 휴무) / **전화** : 06-6626-9871 / **주소** : 大阪市浪速区日本橋4-12-1 マルタビル 1F / **지도** : 285쪽

츠케멘 스즈메 つけ麺 雀

아메무라 본점

색다른 매력의 츠케멘 전문점

생선과 고기뼈 육수가 균형감 있게 섞인 진한 국물에 두껍고 쫄깃한 면까지 색다른 츠케멘을 맛볼 수 있는 곳이다. 부드러운 익힌 챠슈, 짭짤한 삶은 달걀과 함께 먹다 보면 어느새 한 그릇 뚝딱이다. 여성에게 인기 1위라는 담백한 시오 츠케멘과 얼큰한 카라 츠케멘도 맛볼 수 있다.

추천 : 챠슈와 달걀이 추가된 특제 츠케멘(特製つけ麺) 1,050엔, 시오 츠케멘(塩つけ麺) 800엔, 카라 츠케멘(辛つけ麺) 800엔 / **교통** : 요츠바시 역 5번 출구에서 도보 4분, 신사이바시 역 7번 출구에서 도보 5분 / **시간** : 11:30-16:30·18:00-22:00 / **전화** : 06-6211-1174 / **주소** : 大阪市中央区西心斎橋2-11-11 / **홈페이지** : suzume-group.co.jp(모바일 suzume.plimo.jp) / **지도** : 285쪽

카무쿠라 神座

도톤보리점

채소 가득 라이트 라멘

오사카 최대 규모의 라멘 체인점으로 분위기가 캐주얼하다. '스프 소믈리에'라는 자격 제도를 통해 투명하고 담백한 비법 육수를 선보이며 주요 토핑으로 배추를 가득 넣어 맛을 끌어올렸다. 토핑을 선택할 수 있으며 기본 베이스는 쇼유 라멘이다. 파 & 김치 라멘도 눈에 띈다.

추천 : 챠슈+달걀 라멘(小チャーシュー煮玉子ラーメン) 880엔, 파·김치 라멘(ネギキムチラーメン) 830엔 / **교통** : 난바 역 14번 출구에서 도보 4분 / **시간** : 월-목 11:00-22:00, 금·일·공휴일 11:00-23:00 / **주소** : 大阪市中央区道頓堀1丁目7-25/ **전화** : 06-6211-3790/ **홈페이지** : kamukura.co.jp / **지도** : 285쪽

소바 そば

타카마 たかま

오사카에서 가장 맛있는 소바

오사카에서 몇 안 되는 소바집 중 특출 난 곳이 있으니 바로 타카마다. 3년 넘게 미쉐린 가이드 1스타를 유지하고 있으며 분위기, 맛 어느 하나 빠지지 않는다. 대표 메뉴는 이나카 소바와 카모지루 소바로 소바 자체의 향이 매우 좋다. 카모지루는 깊은 맛의 오리 국물이 일품으로 특히 산쇼(초피)를 조금 넣어 먹으면 맛이 더 좋아진다. 소바와 곁들여 먹기 좋은 덴푸라와 달걀말이도 놓치지 말자.

추천 : 카모지루 소바(鴨汁そば) 1,500엔, 덴푸라모리아와세(天ぷら盛り合わせ) 1,700엔 / **교통** : 텐진바시스지로쿠초메 역 1번 출구에서 정면에 타마테와 한큐오아시스 사잇길로 직진 5분 / **시간** : 월·수-일 11:30-14:30(재료 소진 시 영업 종료) / **전화** : 06-6882-8844 / **주소** : 大阪市北区天神橋7丁目12-14 グレーシィ天神橋ビル1号館 / **지도** : 284쪽

나니와소바 浪花そば

신사이바시 본점

보들보들한 메밀면과 담백한 국물

니시야에서 설립한 소바 전문점이다. 고급스러운 외관에 비해 소박한 분위기로 현지 직장인들도 즐겨 찾는다. 식사 메뉴부터 샤브샤브 세트 코스 메뉴까지 마련되어 있는데, 런치 소바 스시 세트(寿司定食)와 튀김 소바(天ぷらそば)가 특히 인기이다. 천천히 즐기는 코스 요리 소바 샤브샤브(そばしゃぶ)도 스테디셀러로 꼽힌다. 여름에 방문한다면 영귤 슬라이스가 가득 올라간 상큼한 별미 스다치 소바(すだちそば)에 도전해보자.

추천 : 런치 소바 스시 세트 960엔 / **교통** : 신사이바시 역 6번 출구에서 도보 1분 / **시간** : 월-토 11:00-23:00, 일·공휴일 11:00-22:00 / **전화** : 06-6241-9201 / **주소** : 大阪市中央区心斎橋筋1-4-32 / **지도** : 285쪽

키린지 きりん寺 　　오사카 총본점

도쿄의 명물 아부라 소바를 오사카에서

'기름 소바'라는 뜻의 아부라(あぶら) 소바는 데친 면을 국물 대신 기름에 섞어 먹는 도쿄 명물이다. 소바라고 하지만 메밀보다 밀가루를 주재료로 하며, 비빔 라멘과 비슷한데 오사카에서는 맛보기 어렵다. 그리고 의외로 칼로리가 라멘의 절반 정도라고. 면이 나오면 식초와 고추기름을 기호에 맞게 뿌려 잘 섞어 먹으면 된다. 기름에 비벼 먹어 느끼할 것 같지만 매콤한 향과 깔끔한 맛이 일품이다.

추천 : 아부라 소바(油そば) 630엔 / **교통** : 에비스초 역 1B 출구에서 도보 1분 / **시간** : 11:30-16:30·18:00-22:00 / **전화** : 06-6633-3037 / **주소** : 大阪市浪速区日本橋5-11-12 / **지도** : 285쪽

슈하리 守破離 谷町四丁目店 　　다니마치욘초메점

모던한 분위기의 젊은 소바집

슈하리는 모던한 분위기에 가격도 상대적으로 저렴한 인기 소바 전문점이다. 오사카의 다른 미쉐린 1스타 소바집과 비교해도 전혀 손색없는 맛을 선보인다. 100% 메밀 소바를 먹고 싶다면 150엔을 추가해 주와리 소바로 주문하자. 소바 외에 덴푸라와 여러 가지 일품요리도 맛이 상당하다. 겨울에는 한정 메뉴로 오리 나베(냄비) 요리인 카모나베를 예약제로 판매한다.

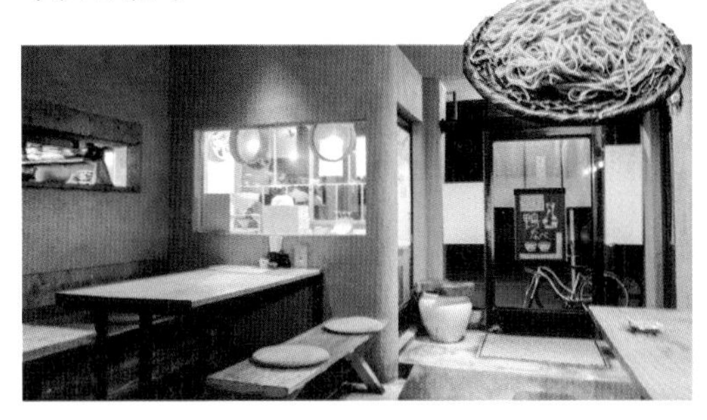

추천 : 텐모리 소바(天盛りそば) 1,480엔(주와리 소바 十割そば+150엔) / **교통** : 다니마치욘초메 역 6번 출구에서 도보 3분 / **시간** : 11:30-14:30·17:30-21:30 / **전화** : 06-6944-8808 / **주소** : 大阪市中央区常盤町1丁目3-20 安藤ビル / **홈페이지** : shuhari.main.jp / **지도** : 286쪽

소바키리 아야메도우 そば切り文目堂

넓고 쾌적한 분위기의 소바집

오사카 성 근처에 있는 미쉐린 1스타 소바집이다. 영업시간이 길고 넓고 쾌적한 실내 공간으로 일정이 빠듯하거나 아이들이 있는 가족 단위 여행객에게 제격이다. 좌석이 많기 때문에 가장 붐비는 점심시간이라도 보통 30분 이내에 입장이 가능하다. 매뉴는 4가지로 매우 심플하며 메밀 껍질을 포함한 소바와 껍질이 포함되지 않은 소바 중에서 고르면 된다.

추천 : 자루 소바(ざるそば) 850엔, 카모지루 소바(鴨汁そば) 1,350엔 / **교통** : 다니마치로쿠초메 역 5번 출구에서 도보 1분 / **시간** : 월-토 11:30-14:30·17:30-20:30(일, 셋째 월 휴무) / **전화** : 06-7504-5260 / **주소** : 大阪市中央区安堂寺町2丁目2-26 / **지도** : 286쪽

소바 도산진 蕎麦 土山人 天満橋店

무더위를 날려주는 시원한 스다치 소바

고베 아시야에서 시작한 소바집 겸 이자카야다. 오사카에도 여러 지점이 있는데 오사카 성 근처 덴마바시 지점이 접근성이 가장 좋다. 메밀 함량이 높은 아라비키이나카나 호소비키세이로(粗挽きせいろ)가 대표 메뉴로 은은한 맛국물과 새콤달콤한 스다치(すだち)의 조화가 일품이다. 여름 한정 메뉴인 히야카케스다치도 별미다.

추천 : 히야카케스다치(冷やかけすだち) 1,350엔, 아라비키이나카(荒挽き田舎) 890엔 / **교통** : 덴마바시 역 2번 출구에서 도보 5분(건물 8층 식당가) / **시간** : 11:00-15:00·17:00-22:00 ***소바 면 소진 시 조기 종료** / **전화** : 050-5570-2448 (예약가능) / **주소** : 大阪市中央区天満橋京町1-1 京阪シティモール 8F / **지도** : 286쪽

우동 うどん

테츠쿠리 우동 라쿠라쿠 手造りうどん 楽々

이보다 더 맛있는 우동은 없다

타베로그 우동 부문에서 전국 1위를 3년 이상 지키고 있는 일본 최고의 우동 맛집이다. 가게는 주변에 도로와 논밭밖에 없는 외진 곳에 위치하고 있는데, 인근에서 우동을 만들기에 적합한 물이 나오기 때문이라고 한다. 엄청난 탄력과 구수한 맛이 일품인 면에 달짝지근하게 구운 쇠고기, 맛국물, 간장 소스가 만나 탄생한 일본 최고의 우동을 꼭 맛보자.

추천 : 와규니쿠붓카케(和牛肉ぶっかけ, 냉우동) 1,080엔, 쿠로케와규니쿠토지(黒毛和牛肉とじ, 온우동) 1,080엔 / **교통** : 케이한센 카타노센 코즈 역에서 도보 10분 / **시간** : 화-일 11:00-15:00(월 휴무) / **전화** : 072-891-8833 / **주소** : 交野市幾野6丁目6-1 / **지도** : 287쪽

우사미테이 마츠바야 うさみ亭マツバヤ

유부 우동의 시작

1893년 창업한 우동 전문점으로 오사카 원조 유부 우동을 맛볼 수 있다. 우동과 유부 초밥을 함께 먹었던 옛날, 이곳에서 처음으로 유부를 우동에 얹어냈다고 한다. 부드러운 식감의 우동면과 적당히 진한 국물까지 그야말로 기본에 충실한 맛을 자랑한다. 각종 채소와 해산물, 밥까지 들어간 푸짐한 돌솥 냄비 우동도 사랑받는 메뉴이다. 현지인 단골과 몰려든 여행객들로 언제나 손님이 많으니 피크 타임은 피하는 것이 좋다.

추천 : 유부 우동(きつねうどん) 580엔, 돌솥 냄비 우동(おじやうどん) 780엔 / **교통** : 신사이바시 역 1번 출구에서 도보 5분 / **시간** : 월-목 11:00-19:00, 금-토 11:00-19:30(일·공휴일 휴무) / **전화** : 06-6251-3339 / **주소** : 大阪市中央区南船場3-8-1 / **지도** : 285쪽

뱌쿠안 白庵

오사카 시내와 가까운 최상급 우동집

타베로그 우동 랭킹 10위권 내외를 오르내리는 곳으로 오사카 북부에 위치한다. 기본 메뉴는 덴푸라 세트이며 육수에 담긴 가케우동과 여러 가지 덴푸라가 같이 나온다. 추천 메뉴는 치쿠와 튀김과 반숙 달걀 튀김이 들어간 치쿠타마텐붓카케 우동. 니쿠붓카케 우동은 고기가 단 편이지만 니쿠 우동은 달지 않고 맛이 좋다.

추천 : 덴푸라 세트(天ぷらセット/ひやひや) 970엔, 츠케멘(つけ麺) 830엔, 치쿠타마텐붓카케 우동(ちくたま天ぶっかけ) 820엔 / **교통** : 한큐고베센 칸자키가와 역 개찰구 앞(반드시 보통 열차를 탈 것) / **시간** : 월-금 11:00-15:00, 토-일 11:00-15:00·17:30-21:30(수, 둘째·넷째 화 휴무)/ **전화** : 06-7656-5292 / **주소** : 大阪市淀川区新高6丁目12-7 三和マンション 1F / **홈페이지** : byakuan.com / **지도** : 284쪽

니시야 にし家

완성도 있는 일본 전통 우동

일본 특유의 예스런 정취가 가득한 우동 샤브샤브 가게다. 간단한 식사부터 술과 곁들이는 고급 우동 나베 요리까지 메뉴 구성은 나니와소바와 비슷하다. 우동치리(うどんちり)로 상표 등록된 해산물 및 우동 샤브샤브가 간판 메뉴로 꼽힌다. 돌냄비 우동(鍋焼きうどん) 역시 인기 메뉴로 겨울에 방문한다면 꼭 한번 맛보자. 한국어 메뉴가 준비되어 있다.

추천 : 돌냄비 우동 1,188엔, 고기 츠케 우동(肉つけうどん) 950엔 / **교통** : 신사이바시 역 5번 출구에서 도보 2분 / **시간** : 월-토 11:00-23:00, 일·공휴일 11:00-22:00 / **전화** : 050-5269-7081 **주소** : 大阪市中央区心斎橋1-18-18 / **홈페이지** : nishiya.co.jp / **지도** : 285쪽

칫코우멘코우보우 築港麵工房

독특한 식감의 면과 거대한 닭튀김

오사카 곳곳에 지점을 둔 유명 우동집 혼마치 제면소의 분점으로 가이유칸 근처에 위치한다. 꽤 두껍고 조금 거친 듯한 면이 이곳의 개성을 잘 말해준다. 쯔유는 고추냉이를 넣어서 먹게 되어 있는데, 소바 쯔유와 거의 비슷한 맛이라서 어색하지 않고 면발과도 아주 잘 어울린다. 대표 메뉴는 토리텐붓카케 우동으로 거대한 닭튀김과 쫄깃하고 두툼한 면, 쯔유가 조화를 이뤄 푸짐하고 맛있다.

추천 : 토리텐붓카케 우동 산(鶏天ぶっかけうどん 三) 720엔 / **교통** : 오사카코 역에서 도보 6분 / **시간** : 11:00-20:00 / **전화** : 06-6571-0125 / **주소** : 大阪市港区海岸通1丁目5-25 築港ビル 1F / **지도** : 287쪽

도톤보리 이마이 우동 道頓堀 今井

집념의 우동 육수

전쟁 후 척박한 환경에서 문을 연 우동집이다. 오픈 당시 식재료를 배급받는 상황에서 개발에 한계가 있는 면 대신 국물 연구에 매달린 끝에 오늘날 오사카 우동의 긍지이자 보물로 불릴 정도로 깊이 있는 맛을 자랑한다. 다양한 우동 요리 가운데 가장 기본인 유부 우동만 맛보아도 은은하고 깊은 국물을 만끽할 수 있다. 언제나 복잡한 도톤보리에서 조용히 우동을 즐기기에도 제격이다.

추천 : 유부 우동(きつねうどん) 756엔 / **교통** : 난바 역 14번 출구에서 도보 3분 / **시간** : 11:00-22:00(수 휴무) / **전화** : 06-6211-0319 **주소** : 大阪市中央区道頓堀1-7-22 / **홈페이지** : d-imai.com / **지도** : 285쪽

스시 고케이 すし 古径

괜찮은 가성비의 중고가 스시 전문점

도쿄 앞바다에서 잡은 해산물로 만드는 에도마에 스시를 전문으로 하는 스시다 그룹 체인점이다. 8,000엔-12,000엔 정도의 가격으로 스시 코스를 먹을 수 있는 중고가 스시 전문점이다. 오사카의 긴자로 불리는 기타신치의 중앙 도로에 있어서 구성 대비 가격이 조금 높은 편이지만, 최고급 스시야에 가기 전에 경험 삼아 들르기 좋은 곳이다.

추천 : 8,000엔 코스(8,000 円コース) / **교통** : 우메다 역에서 도보 11분 / **시간** : 월-금 17:30-익일 02:00, 토 17:00-22:00(일·공휴일 휴무) / **전화** : 06-6347-1218(예약영어 응대 가능) / **주소** : 大阪市北区曾根崎新地1丁目1-27 / **홈페이지** : www.sushiden.co.jp / **지도** : 284쪽

요시노스시 吉野寿司

하코즈시의 원조

오사카 지역은 손으로 쥐어서 만드는 니기리 스시가 생기기 전부터 상자에 밥과 생선을 넣고 눌러서 만드는 하코즈시를 만들어 먹어왔다. 요시노스시는 하코즈시를 본격적으로 만들어 판매해온 원조 가게로 177년의 역사를 가지고 있다. 이곳의 하코스시는 밥과 생선에 간이 배어 있고 숙성이 되어 있기 때문에 따로 간장에 찍어 먹지 않아도 간이 딱 맞고 매우 맛있다.

추천 : 오사카스시토타이멘(大阪寿司と鯛麺) 3,020엔 / **교통** : 혼마치 역 1번 출구로 나와 좌측 첫 번째 골목에서 좌회전 후 4블럭 직진 / **시간** : 월-금 11:00-13:00, 포장 월-금 9:30-15:30 (토·일 휴무) / **전화** : 06-6231-7181 / **주소**:大阪市中央区淡路町3丁目4-14 / **홈페이지** : yoshino-sushi.co.jp / **지도** : 284쪽

고카이타치스시 豪快 立ち寿司

닛폰바시점

맛도 양도 호탕하고 쾌활하게!

초밥이 메인인 식당 겸 술집이다. 저렴한 가격에 질 좋은 초밥을 선보여 인기가 많다. 참치 세트나 성게연어알 세트가 명물로 꼽히며 제철 해산물도 훌륭하다. 런치 타임에는 모듬 초밥은 800엔, 참치나 연어 덮밥은 700엔에 맛볼 수 있다. 저녁에는 생맥주+초밥(5pcs) 생맥세트(生ビールセット)가 인기 메뉴로 꼽힌다.

추천 : 모듬초밥(にぎり盛) 런치 800엔, 디너 900엔 / **교통** : 닛폰바시 역 5번 출구에서 도보 3분 / **시간** : 11:30-14:00·17:00-23:00(주문 마감 22:00, 월 휴무) / **전화** : 080-3509-5522 / **주소** : 大阪市中央区日本橋2-5-20 / **지도** : 285쪽

키슈 야이치 江戸前回転鮨 弥一

한큐우메다 본점

쇼핑 후 편하게 즐기는 최고의 스시

한큐 백화점 12층 식당가에 위치한 회전 스시집으로 깔끔하고 쾌적한 실내에서 스시를 즐길 수 있다. 가격은 조금 비싼 편이지만 신선도와 맛은 아주 훌륭하다. 네타(스시)가 두껍지 않아 부담스럽지 않으며, 세트 메뉴도 있어 다양한 선택이 가능하다.

추천 : 새우(海老アボカド) 390엔, 장어(焼きうなぎ) 490엔, 중뱃살(本鮪中トロ) 560엔 / **교통** : 우메다 역 6번 출구 한큐 백화점 12층 / **시간** : 11:00-22:00 / **전화** : 06-6313-1488 / **주소** : 大阪市北区角田町8-7 阪急うめだ本店 12F / **홈페이지** : willburn.co.jp / **지도** : 284쪽

하루코마 春駒

본점

주택박물관 근처의 인기 초밥집

저렴한 가격과 훌륭한 맛으로 현지인들도 즐겨 찾는 초밥집이다. 텐진바시스지 상점가에 위치, 주택박물관과 가까워 찾기 좋다. 한국어 메뉴판이 있으며 대기줄이 길 경우 메모지에 번호로 메뉴를 적어 미리 주문한다. 본점이 붐빈다면 근처 분점을 이용하는 것도 좋다.

추천 : 참치(まぐろ) 150엔, 광어(ひらめ) 350엔 / **교통** : 텐진바시스지로쿠초메 역 12번 출구에서 도보 3분 / **시간** : 11:00-22:00(화 휴무) / **전화** : 06-6351-4319 / **주소** : 大阪市北区天神橋5丁目5-2 / **지도** : 284쪽

*분점

시간 : 11:00-20:30(화 휴무) / **전화** : 06-6351-9103 / **주소** : 大阪市北区天神橋5丁目6-8 / **지도** : 284쪽

키타로즈시 喜太郎 寿し なんば店一

난바점

저렴한 가격에 신선한 회와 스시를 맛보자

오사카 곳곳에서 지점을 운영 중인 이자카야 스타일의 스시집이다. 신선한 회를 저렴하게 즐길 수 있어 인기가 많다. 1층 카운터석에서는 장인이 만들어 주는 사시미와 스시, 술을 즐길 수 있고, 2층은 테이블석이다. '오늘의 추천 메뉴' 중에서는 아부리사몬(살짝 익힌 연어), 에비(새우)나 여름철 하모(갯장어)가 무난하다.

교통 : 난바 역 난바워크 B25 출구에서 도보 2분(그랜드 카게츠 뒷골목) / **시간** : 월-목 18:00-4:00, 금-일 17:00-4:00 / **전화** : 050-5571-3061(예약 가능) / **주소** : 大阪市中央区難波千日前3-5 / **지도** : 285쪽

아게모노 あげもの

만제 マンジェ

오사카 최고의 돈카츠

타베로그 돈카츠 전국 랭킹 1,2위를 오르내리는 맛집이자 오사카에서 최고의 돈카츠를 선보이는 곳이다. '도쿄X'라는 토요일 한정 메뉴와 가고시마 흑돼지 메뉴가 대표 메뉴로 맛이 아주 훌륭하다. 평일에는 오전 8시, 토요일에는 오전 7시 정도부터 줄을 서기 시작할 정도로 인기가 대단하다. 오픈 시간에 입장하지 못하면 대기 시간이 길어지기 때문에 서두르는 것이 좋다.

추천 : 지고의 돈카츠 모리아와세(至高のとんかつ盛合せ) 중 도쿄엑스&토쿠죠히레카츠(TOKYO-X & 特上ヘレカツ)+정식 3,890엔, 가고시마쿠로부타&토쿠죠히레카츠(鹿児島黒豚&特上ヘレカツ)+정식 3,370엔 / **교통** : JR야모토지센 야오 역 북쪽 출구에서 도보 5분 / **시간** : 11:00-14:00·17:00-21:00(런치 시간이 끝나더라도 명부에 적힌 인원은 식사 가능, 월·화 휴무, 홈페이지에서 휴무일을 꼭 확인할 것) / **전화** : 072-996-0175(예약 불가) / **주소** : 八尾市陽光園2丁目3-22 / **홈페이지** : www.manger.co.jp / **지도** : 287쪽 상단

돈카츠 다이키 とんかつ大喜

도톤보리에서 가장 맛있는 돈카츠

최근 일본에서 유행하고 있는 두껍게 썬 고기를 저온에서 튀겨 육즙이 가득하면서 부드러운 돈카츠를 맛볼 수 있다. 안심 부위를 통으로 튀겨 내서 부드럽고 맛있는 특봉 히레카츠나 등심으로는 특선 로스 아츠리를 추천한다. 단, 등심 메뉴 중 가장 두껍고 비싼 메뉴는 지방이 아주 많은 편이니 알아두자.

추천 : 봉 히레카츠(棒ヒレ) 1,430엔, 특선 로스 아츠키리(特選ロース厚切り230g) 2,030엔 / **교통** : 나가호리바시 역 7번 출구에서 도보 2분, 신사이바시 역 2번 출구 북쪽 개찰구에서 도보 10분 / **시간** : 11:00-14:30·17:30-21:30(일 휴무) / **주소** : 大阪市中央区東心斎橋1-6-2 / **지도** : 285쪽

비후카츠 카츠마 ビフカツ かつ満 신사이바시점

규카츠의 원조, 비후카츠

신사이바시에 새롭게 생긴 비후카츠 전문점이다. 비후카츠는 규카츠의 원조격 음식으로 고베를 비롯한 간사이 지방에서는 옛부터 튀긴 쇠고기 등심이나 안심에 데미그라스 소스를 곁들인다. 테이블마다 따로 소스가 준비되어 있어서 취향에 따라 카츠에 뿌려 먹거나 찍어 먹을 수 있다.

추천 : 규로스비후카츠젠 다이(牛ロースビフかつ膳 大) 1,880엔, 규헤레비후카츠젠 다이(牛ヘレビフかつ膳 大) 1,980엔 / **교통** : 신사이바시 역에서 혼마 역 방향 신사이바시스지를 따라 북쪽으로 도보 6분 / **시간** : 11:00-22:00(연중무휴) / **전화** : 06-6282-3330, 080-8894-4677(예약 전용) / **주소** : 大阪市中央区博労町3丁目6-15 FUKUBLD / **지도** : 285쪽

야에카츠 八重勝

오사카 쿠시카츠 맛집 원픽!

쟌쟌요코초에 위치한 쿠시카츠 전문점이다. 30여 개의 테이블이 늘 만석일 정도로 인기가 대단하다. 주문하면 해당 재료를 튀겨 접시에 내어주며 다 먹은 꼬치는 대나무 통에 넣으면 된다. 이곳만의 별미인 된장에 졸인 소힘줄 요리 도테야키(どて焼き, 제방구이)도 경험해보자.

추천:새우(えび) 450엔, 아스파라거스(アスパラゴス) 200엔 / **교통** : 도부츠엔마에 역 1번 출구에서 도보 3분 / **시간** : 10:30-20:30(목 휴무) / **전화** : 06-6643-6332 / **주소** : 大阪市浪速区恵美須東3-4-13 / **지도** : 287쪽 상단

에페 epais

미쉐린 원스타 돈카츠

미쉐린 빕구르망에 선정된 돈카츠 전문점이다. 바삭한 튀김옷과 부드러운 고기의 식감이 만제와 비교해도 손색없을 만큼 훌륭하다. 비교적 저렴하게 맛볼 수 있는 런치 세트 메뉴를 주문해보자. 인기가 엄청난 탓에 예약하지 않으면 입장이 어려울 수도 있으니 참고하자.

추천 : 런치 로스가츠 정식 1,000엔 / **교통** : 히가시우메다 역에서 3번 빌딩으로 도보 5분 / **시간** : 11:30-15:00 18:00-22:00(일 휴무) / **전화** : 06-6347-6599 / **주소** : 大阪市北区曾根崎新地1丁目9-3 ニュー華ビル / **지도** : 284쪽

다루마 だるま 新世界 総本店 신세카이 총본점

쿠시카츠는 역시 원조집에서

오사카의 명물 먹거리 중 하나인 쿠시카츠를 처음으로 만든 가게로 오사카 곳곳에 분점을 운영하고 있다. 쿠시카츠는 재료에 튀김옷을 입히고 빵가루를 발라 튀겨낸 아주 간단한 음식인데, 만들기 쉬운 만큼 특별한 맛을 내기가 어렵다. 특히 튀김옷과 튀기는 시간이 아주 중요한데, 다루마의 반죽과 튀기는 시간은 매우 절묘하기로 유명하다. 실제로 현지인들이 특히 많이 찾는 곳이기도 하다.

추천 : 총본점세트(総本店セット) 1,400엔 / **교통** : 도부츠엔마에 역에서 도보 6분, JR신이마미야 역에서 도보 7분 / **시간** : 11:00-22:00(1/1 무휴) / **전화** : 06-6645-7056 / **주소** : 大阪市浪速区恵美須東2丁目3-9 / **지도** : 287쪽 상단

돈부리 どんぶり

사카마치노텐동 坂町の天丼

오직 텐동만!

도톤보리 인근에 자리한 작은 텐동 전문점이다. 메뉴는 오직 텐동만 있고 사이드 메뉴도 된장국이 전부다. 새우튀김 2개와 김튀김 1개가 전부인 모습에 실망할 수 있지만 맛을 보는 순간, 감탄이 저절로 나온다. 고슬고슬 갓 지은 하얀 쌀밥에 적당히 달고 적당히 짭짤한 텐동 소스, 오동통 살이 꽉 찬 신선한 새우튀김과 김튀김이 최고의 조화를 이룬다.

추천 : 텐동(天丼) 650엔 / **교통** : 난바 역 14번 출구 도보 3분 / **시간** : 10:00-14:00(수, 셋째 목 휴무) / **전화** : 06-6213-3607 / **주소** : 大阪市中央区千日前1丁目8-16 / **지도** : 285쪽

요시토라 吉寅

잘 구워진 관동식 장어 덮밥

일본 사람들이 여름 보양 음식으로 즐겨 먹는 장어 덮밥으로 유명한 곳이다. 장어 배를 가르지 않고 구워 식감이 촉촉하고 부드럽다. 일식 된장이 들어간 타레의 간도 적당하고 고슬고슬하게 지은 밥까지 삼박자가 완벽하게 어우러진 덮밥을 놓치지 말자. 인기가 많은 곳이라서 예약은 필수이니 호텔 컨시어지를 통해서 예약해보자.

추천 : 우나기동 정식(鰻丼定食 4,500엔+세금) / **교통** : 사카이스지혼마치 역 5번 출구에서 도보 6분 / **시간** : 월-금 11:00-14:30, 월-토 17:00-21:30(토 런치 없음, 일 휴무) / **전화** : 06-6226-0220 (예약 가능) / **주소** : 大阪市中央区備後町1-6-6 / **지도** : 284쪽

혼미야케 本みやけ

스테이크쥬와 규나베가 맛있는 집

맛집들이 몰려 있는 우메다 한큐 삼번가 지하 2층에서 유독 긴 줄을 자랑하는 곳이다. 대표 메뉴는 쇠고기 스테이크를 밥 위에 얹은 스테이크쥬. 워낙 인기가 많아서 하루에 140인분을 한정적으로 판매한다. 사실 이 가게에서 주목해야 할 메뉴는 규나베다. 규나베는 구운 쇠고기를 넣어 만든 전골인데, 정말 밥도둑이 따로 없다.

추천 : 스테이크쥬(ステーキ重) 930엔 / **교통** : 우메다 역 1번 출구 방향 한큐 삼번가 지하 2층 / **시간** : 11:00-22:00(셋째 수, 부정기 휴무) / **전화** : 06-6371-5322 / **주소** : 大阪市北区芝田1丁目1-3 阪急三番街 B2F / **지도** : 284쪽

레드락 Red Rock 아메리카무라점

붉은 바위의 맛, 레어를 좋아하시나요?

기본 30분은 기다려야 하는 인기 절정의 음식점으로 레어로 익힌 고기들을 마구 쌓아놓은 로스트비프 덮밥과 스테이크 덮밥이 인기다. 붉은 비주얼이 시선을 사로잡는 가운데 부드러운 식감과 소스, 밥이 균형감 있게 어우러진다. 로스트비프 덮밥에는 날달걀 노른자와 특제 요구르트 소스가 올라간다. 덜 익힌 고기가 부담스럽다면 함박 스테이크나 카레를 추천한다.

추천 : 로스트비프 덮밥(ローストビーフ丼) 880엔 / **교통** : 요츠바시 역 5번 출구에서 도보 5분 / **시간** : 11:30-23:00(주문 마감 22:00) / **전화** : 06-6214-8119 / **주소** : 大阪市中央区西心斎橋2-10-21 1F / **홈페이지** : redrock-kobebeef.com / **지도** : 285쪽

후츠노 쇼쿠도 이와마 普通の食堂いわま

일본식 집밥을 선보이는 곳

가게 이름부터 '평범한 식당'이라는 뜻으로 실내 분위기, 제공되는 음식 모두 평범하다. '히미츠노 겐민쇼'라는 방송에 소개된 이후 꾸준히 찾는 사람이 많다. 일본의 1980-90년대 분위기를 간직한 곳이며 일반 가정에서 만들어 먹을 만한 메뉴를 선보인다. 찬이 매일 바뀌는 히가와리 정식은 가성비가 아주 좋고, 한정 메뉴인 토리타마텐동도 먹을 만하다

추천 : 히가와리테이쇼쿠(日替わり定食) 990엔 / **교통** : 난바 역에서 도보 5분 도구야스지 골목 내부 / **시간** : 11:00-15:30, 17:00-22:00(수 휴무) / **전화** : 06-6599-9320 / **주소** : 大阪市中央区難波千日前9-12 / **홈페이지** : hutuunosyokudou.com / **지도** : 285쪽

이치미젠 一味禅 닛폰바시점

입 안 가득 차오르는 튀김의 맛

좁은 카운터석과 바로 뒤의 미닫이문까지 좁디 좁은 공간이지만 음식 양은 아주 많은 텐동 전문점이다. 전국 덮밥 그랑프리에서 금상을 수상한 바 있는 새우 장어 튀김 덮밥이 간판 메뉴다. 고기, 채소, 해산물 튀김을 올린 다양한 덮밥들이 준비되어 있으니 입맛대로 골라보자. 튀김은 주문 즉시 튀기기 시작해 따끈하고 바삭하다. 밥과 튀김에 뿌려주는 간장 소스도 짜지 않아 딱 좋다.

추천 : 새우 장어 튀김 덮밥(エビ穴子天丼) 1,100엔 / **교통** : 닛폰바시 역 5번 출구에서 도보 6분 / **시간** : 11:00-20:00(월 휴무) / **전화** : 06-6643-2006 / **주소** : 大阪市浪速区日本橋3-6-8 / **지도** : 285쪽

가정식 家庭料理

다이코쿠 大黒

120살 밥집의 보드라운 정식

우엉, 유부, 표고버섯, 곤약, 당근을 넣어 지은 고모쿠고항(五目ご飯)으로 유명한 노포로 1902년에 문을 열었다. 한국어 메뉴판이 있으며 밥과 국, 반찬을 하나씩 따로 주문해야 한다. 밥과 된장국, 생선조림 등 전반적으로 맛이 자극적이지 않아 좋다. 가자미 조림과 부드럽고 달큰한 백된장으로 만든 국은 놓치지 말자.

추천 : 가자미조림 (かれい煮付) 600엔 / **교통** : 난바 역 25번 출구에서 도보 1분 / **시간** : 11:30-15:00·17:00-20:00(일·월·공휴일 휴무) / **전화** : 06-6211-1101 / **주소** : 大阪市中央区道頓堀2-2-7 / **지도** : 285쪽

텐넨쇼쿠도 카푸 天然食堂 かふぅ

소중한 나의 한 끼를 건강하게!

자연식 정식을 맛볼 수 있는 카페 겸 레스토랑이다. 제철 식재료와 수제 효소 양념을 사용한 맛있고 깔끔한 정식을 선보인다. 현미밥에 짜지 않은 된장국, 6-7가지의 다양하고 신선한 채소가 가득한 반찬으로 꾸려진 건강한 한 끼를 맛보자. 약선 차도 여럿 준비되어 있다.

추천 : 양생밥 세트(養生ごはんセット) 1,200엔 / **교통** : 니시오하시 역 4번 출구에서 도보 3분, 요츠바시 역 6번 출구에서 도보 3분 / **시간** : 11:30-19:00(일·공휴일 휴무) / **전화** : 06-6533-0775 / **주소** : 大阪市西区北堀江1-14-21 鳥かごビルヂング 1F / **홈페이지** : cafuu-shokudou.com / **지도** : 285쪽

카레라이스 カレーライス

보타니카리 ボタニカリ-

화려한 비주얼의 하와이 카레

알록달록한 과일과 화려한 플레이팅은 물론 맛으로도 정평이 난 오사카의 유명 카레 맛집이다. 여러 가지 향신료를 직접 배합해서 만들기 때문에 인도식 카레처럼 맛이 아주 진하고 깊다. 기본 메뉴는 가게 이름과도 같은 보타니카리. 취향에 따라 매운 맛의 정도를 정할 수 있는데 3배 이상의 매운 맛은 단계별로 50엔의 추가 요금이 붙는다. 3배만 되어도 충분히 맵기 때문에 굳이 도전의식을 가질 필요는 없다.

추천 : 보타니카리 치킨(ボタニカリ- チキン) 980엔- / **교통** : 혼마치 역 5번 출구로 나와 직진, 맞은편 코메다스커피가 보이는 첫 번째 골목에서 우회전 후 세 블럭 직진 / **시간** : 월-토 11:00-16:00 (매진 시 조기 종료, 일 휴무) / **주소** : 大阪市中央区瓦町4丁目5-3 日宝西本町ビル 1F / **홈페이지** : botanicurry.com / **지도** : 284쪽

브루노 ブルーノ

햅나비오점

분위기 좋은 카레 전문점

한큐 맨즈 7층 식당가에 위치한 카레 전문점이다. 가장 대표적인 메뉴는 치즈로 음식을 둘러싼 치즈 비프 카레이며 버섯을 넣어 만든 키노코 카레나 돈카츠 카레 같은 메뉴도 상당히 맛있다. 브루노의 좋은 점은 기본으로 제공되는 토핑이 매우 많고 리필도 가능하다는 점이다. 피클, 생강, 락교, 치즈 등 6가지 토핑이 제공되며, 특히 치즈 토핑을 추천한다.

추천 : 죠센키노코 카레(上撰キノコカレー) 1,100엔+세금, 치즈 비프 카레(チーズビーフカレー) 1,300+세금 / **교통** : 우메다 역 11번 출구에서 도보 5분 한큐 맨즈 햅나비오 7층 식당가) / **시간**:11:00-22:30(L.O. 21:30), 런치 월-금 11:00-15:00(1월 1일 휴무, 햅나비오 휴관일에 따름) / **전화** : 06-6315-5252 / **주소** : 大阪市北区角田町7-10-HEP NAVIO 7F / **홈페이지** : ug-gu.co.jp / **지도** : 284쪽

카페식 레스토랑 カフェ レストラン

카페 앤 밀 무지 Cafe & Meal MUJI 難波 난바점

카페에서 먹는 맛있는 건강식

무인양품 매장 한쪽에 자리한 셀프 카페로 각종 차와 커피, 빵과 디저트가 마련돼 있다. 그중 선택 델리 플레이트는 빵과 밥 중에 하나를 고르고 반찬 3개(따뜻한 델리 1 + 차가운 델리 2)나 4개(따뜻한 델리 2 + 차가운 델리 2)를 선택할 수 있는 메뉴이다. 반찬들이 무난하고 양도 적당한 데다 분위기가 캐주얼하고 편안해 혼밥족들이 즐겨 찾는다.

추천 : 선택 델리 4품(選べるデリ4品) 1,000엔 / **교통** : 난카이난바 역 북 출입구에서 도보 3분, 난바 역 20번 출구에서 도보 5분 / **시간** : 10:00-22:00(푸드 11:00부터, 1/1 휴무) / **전화** : 06-6648-6472 / **주소** : 大阪市中央区難波千日前12-22 難波センタービル B2 / **홈페이지** : cafemeal.muji.com / **지도** : 285쪽

모닝 글래스 커피 Morning Glass Coffee

모던하고 깔끔한 브런치 카페

하와이에 온 듯한 느낌을 주는 카페식 레스토랑으로 실제 하와이에 있는 카페를 벤치마킹해서 꾸민 곳이다. 하와이를 연상시키는 인테리어 소품이 가득하고 내부는 넓고 쾌적하며 좌석도 많아 편하게 시간을 보낼 수 있다. 런치와 디너 식사를 즐길 수 있으며 테이블석 외에도 'ㄷ'자 모양의 카운터 바에서 간단하게 차를 마시기에도 좋다.

추천 : 드립커피 450엔, 그릴드 고다(GRILLED GOUDA) 950엔 / **교통** : 혼마치 역 1번 출구에서 도보 5분 / **시간** : 7:30-20:00(모닝: 7:30-11:00, 런치 11:00-16:00, 디너 16:00-19:30) / **주소** : 大阪市中央区安土町3-2-14 / **홈페이지** : morningglass-coffee.jp / **지도** : 284쪽

그란놋 카페 GRANKNOT coffee

정성 가득한 핸드드립 커피

호리에에서 여유를 부리기 좋은 카페로 실내가 깔끔하고 널찍하다. 커피 종류가 다양하며 핸드드립으로 한 잔씩 천천히 커피를 추출하기 때문에 붐빌 때는 15분 이상 기다려야 커피를 맛볼 수 있다. 프렌치토스트, 파니니도 인기 메뉴이다. 특히 구운 바게트에 생크림과 아이스크림을 올려 내는 프렌치토스트가 커피와 아주 잘 어울린다.

추천 : 프렌치토스트+커피 세트(フレンチトーストコーヒーセット) 800엔 / **교통** : 요츠바시 역 6번 출구에서 도보 3분 / **시간** : 11:00-18:00(목 휴무) / **전화** : 06-6531-6020 / **주소** : 大阪市西区北堀江1-23-4 長野ビル 1F / **지도** : 285쪽

안티코 카페 알 아비스 난바파크스점
ANTICO CAFFE AL AVIS

고고한 자태에 숨겨진 따뜻한 메뉴

부담없이 휴식을 취하기에 제격인 카페로 이탈리아식 샌드위치 파니니와 스위츠, 돌체까지 그림 같은 메뉴들이 한가득 마련되어 있다. 실내에 배치된 가구들은 고풍스럽지만 분위기는 가볍고 한산하다. 쫄깃쫄깃한 빵이 인상적인 신선한 수제 샌드위치는 가격도 합리적이라 인기가 많다. 진한 커피와 함께하면 더할 나위 없다.

추천 : 스피나치(시금치·버섯 4종·베이컨+마요네즈 소스) 480엔 / **교통** : 난카이난바 역 남관 1층 남 출구에서 도보 2분 / **시간** : 10:00-22:00(난바파크스 휴무일과 동일) / **전화** : 06-6556-6679 / **주소** : 大阪市浪速区難波中2-10-70 なんばパークス 2F / **홈페이지** : anticocaffe.ne.jp / **지도** : 285쪽

#702 카페 앤 디너 난바파크스점
#702 CAFE&DINER

분위기로 먹고 들어가는 카페 다이닝

인기와 접근성 모두 훌륭한 레스토랑으로 커피와 식사, 술까지 모두 즐길 수 있다. 셰어하우스 콘셉트의 실내는 편안하면서도 스타일리시하며, 난바파크스 정원이 내다보이는 야외 테라스가 특히 인기다. 파스타, 덮밥, 정식 등의 식사 가격이 다소 부담스럽다면 음료나 케이크, 샐러드 등을 주문해보자. 주말에는 예약 필수이다.

추천 : 새우와 아보카도 콥샐러드(海老とアボカドの具たくさんコブサラダ) 1,166엔 / **교통** : 난카이난바 역 남쪽 출구 난바파크스 7층, 난바 역에서 도보 10분 / **시간** : 11:00-23:00(주문 마감 음료 22:00, 음식 21:30, 난바파크스 휴무일과 동일) / **전화** : 06-6643-9233 / **주소** : 大阪市浪速区難波中2-10-70 なんばパークス 7F / **홈페이지** : www.sld-inc.com/702.html / **지도** : 285쪽

글로리어스 체인 카페 Glorious Chain Cafe

심플하고 근사한 카페와 레스토랑 사이

의류 브랜드 디젤에서 만들고 운영하는 카페다. 노란색 포인트 컬러와 목재 질감의 가구를 적절히 배치한 내부는 따뜻하고 밝고 차분하다. 이탈리아에 있는 디젤 농장에서 들여오는 와인과 올리브오일은 물론 고소하게 구운 잉글리시 머핀에 수제햄과 수란을 올린 에그 베네딕트, 패티가 훌륭한 BLT 치즈버거, 크림치즈 소스와 블루베리를 올린 포근한 팬케이크까지 모두 평이 좋다.

추천 : BLT 치즈버거(BLT チーズバーガー) 1,230엔 / **교통** : 신사이바시 역 1번 출구에서 도보 1분 / **시간** : 11:00-23:00(주문 마감 22:00, 비정기 휴무) / **전화** : 06-6258-5344 / **주소** : 大阪市中央区南船場3-12-9 1F / **홈페이지** : diesel.co.jp/cafe / **지도** : 285쪽

야키니쿠 焼肉

만료 万両 南森町店 미나미모리마치점

맛도 가성비도 오사카 최고

맛 좋은 고기를 저렴하게 먹을 수 있는 가성비 최고 식당이다. 가격이 저렴한 이유는 소 한 마리를 그대로 들여와 직접 발골 작업을 하기 때문. 그래서 다른 가게에서는 맛볼 수 없는 특수 부위까지 먹을 수 있다. 오후 5시부터 9시 정도까지는 보통 2달 전부터 예약이 마감될 정도이기 때문에 이곳에서 저녁식사를 할 예정이라면 반드시 예약해야 한다. 영업시간이 길기 때문에 아주 늦은 시간이라면 예약 없이 들어갈 수 있다.

추천 : 특선 죠로스(特選上ロース) 1,350엔, 바라(バラ) 780엔, 시오로스(塩ロース) 900엔 / **교통** : 미나미모리마치 역에서 도보 4분 / **시간** : 월-금 17:00-익일 01:00, 토·일 17:00-24:00(12/31-1/3 휴무) / **전화** : 06-6361-1371 / **주소** : 大阪市北区 南森町1丁目2-14 南森町ロイヤルハイツ 1F / **지도** : 284쪽

소라 空 道頓堀店 도톤보리점

레벨에 따라 골라먹는 재미

재일동포가 모여 사는 츠루하시에서 시작된 야키니쿠 전문점 소라의 도톤보리 분점이다. 초급은 등심, 안심, 갈비 등의 메뉴, 중급은 대창, 심장 등 내장 위주이며, 고급은 염통, 턱, 위 등 특수 부위로 구분되어 있다. 상급 메뉴가 아니더라도 맛있고 다양한 부위를 저렴하게 맛볼 수 있으며, 카운터석 위주라 혼자 가도 부담 없이 즐길 수 있다.

추천 : 안창살(ハラミ) 600엔, 등심(ロース) 600엔, 갈비(カルビ) 1,400엔 / **교통** : 난바 역 25번 출구에서 도보 3분 / **시간** : 월-금 17:00-23:00, 토·일 16:00-23:00(화 휴무) / **전화** : 06-6213-9929 / **주소** : 大阪市中央区道頓堀2-4-6 / **홈페이지** : yakinikusora.jp / **지도** : 285쪽

스테이크 ステーキ

이키나리스테키 いきなり!ステーキ

호젠지점

서서 먹는 대용량 스테이크

입식 스타일 스테이크 전문점이다. 1g 단위로 가격이 설정되는데 안심 스테이크는 200g 이상, 나머지는 300g 이상 주문이 기본이다.(평일 런치 제외, 평일 런치는 컷스테이크 정량 메뉴 제공) 카운터에서 스테이크 종류와 무게를 주문하면 고기를 잘라 저울에 올려 손님에게 확인시킨 후 바로 조리에 들어간다. 고급 부위를 비교적 저렴하고 푸짐하게 맛볼 수 있어 고기 마니아들이 많이 찾는다.

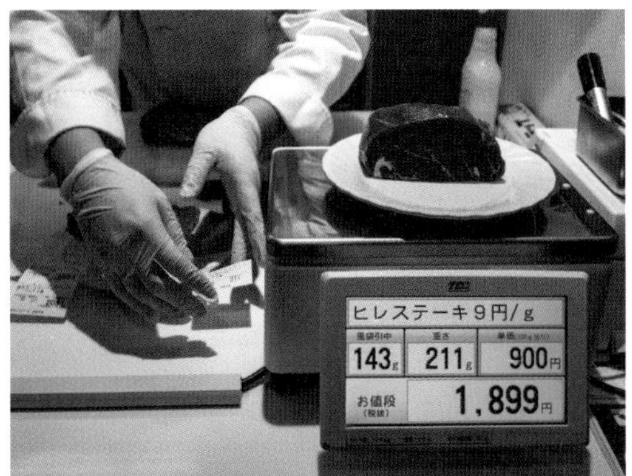

추천 : 등심 스테이크(リブロースステーキ) 300g × 7엔 = 2,100엔, 안심 스테이크(ヒレステーキ) 200g × 9엔 = 1,800엔, 런치 와일드 스테이크(ワイルドステーキ) 200 g 1,100엔 / **교통** : 난바 역 14번 출구에서 도보 2분 / **시간** : 11:00-23:00(평일 런치 11:00-15:00, 연중무휴) / **전화** : 06-6210-4929 / **주소** : 大阪市中央区難波1丁目5-23 法善寺タウンビル / **홈페이지** : ikinaristeak.com/home / **지도** : 285쪽

오사카 톤테키 大阪トンテキ

난바워크점

빵빵한 볼륨의 돼지고기 스테이크 정식

규모는 작지만 가격, 맛과 양으로 승부하는 인기 맛집이다. 대표 메뉴인 톤테키 정식은 두툼한 돼지고기 스테이크에 리필이 가능한 밥, 양배추와 된장국으로 구성되어 있다. 톤테키를 주문할 경우 마늘을 넣을지 뺄지 정할 수 있다. 마늘이 들어간 오리지널을 추천하지만 기호에 따라 뺄 수 있다.

추천 : 톤테키 정식(トンテキ定食) 820엔 / **교통** : 닛폰바시 역에서 난바워크를 따라 도보 2분 / **시간** : 11:00-22:00(주문 마감 21:00, 난바워크 휴무일과 동일) / **전화** : 06-6212-6573 / **주소** : 大阪市中央区千日前1丁目虹のまち5-11号 なんばウォーク3番街 / **홈페이지** : osaka-tonteki.com / **지도** : 285쪽

아시도라시느 acidracines

오사카 최고의 케이크 가게

타베로그가 선정한 케이크 맛집 톱 10에 3년 연속 랭크된, 간사이 최고의 케이크 맛집이다. 대표 메뉴는 라쿠테라는 초콜릿 케이크로 절묘한 단맛과 체리 필링의 상큼함이 인상적이다. 계절 메뉴가 다양하고 라쿠테를 기본으로 한 말차 케이크나 과일 케이크의 바리에이션도 맛있다. 가게가 좁아서 포장만 가능해 케이크를 산 뒤 오사카 성 공원에서 먹는 것을 추천한다.

추천 : 라쿠테(Lactee) 500엔 / **교통** : 덴마바시 역 5번 출구에서 도보 4분 / **시간** : 월·화·금·토 11:00-20:00, 일 11:00-19:00(수·목 휴무) / **전화** : 06-7165-3495 / **주소** : 大阪市中央区内平野町1丁目4-6 / **홈페이지** : acidracines.com / **지도** : 286쪽

리쿠로오지상노미세 りくろーおじさんの店

리쿠로 아저씨의 따끈따끈 치즈케이크

인심 좋은 콧수염 아저씨 로고로 유명한 치즈케이크 전문점이다. 따뜻할 때도 차가울 때에도 촉촉하고 풍성한 식감을 느낄 수 있어 인기가 대단하다. 입 안을 상큼하게 정리해주는 건포도도 빼놓을 수 없는 매력 포인트. 난바 본점에는 2층에 카페가 있어 바로 케이크를 맛볼 수 있다.

추천 : 치즈케이크 675엔 **교통** : 난바 역 11번 출구에서 도보 2분, 난카이난바 역 북출입구에서 도보 2분 / **시간** : 1F 9:30-21:30, 2F 10:30-20:30(주문 마감 폐점 30분 전, 비정기 휴무) / **주소** : 大阪市中央区難波3-2-28 1·2F/ **전화** : 0120-57-2132 / **홈페이지** : rikuro.co.jp / **지도** : 285쪽

레구테 レ・グーテ

알록달록 예쁘고 재미있는 케이크

동화 속에서나 볼 법한 알록달록 예쁘고 재미있는 콘셉트의 케이크 가게다. 샹티쇼콜라라는 초콜릿 케이크가 가장 유명한데, 초콜릿을 두른 부드러운 시트 위에 토핑이 올라가 있다. 계절별로 토핑과 시트를 달리 하는 등 다양한 맛을 선보이고 있으며 쿠키 종류도 많아 선택의 폭이 넓다. 단 포장만 가능하다.

추천 : 샹티쇼콜라(シャンティショコラ) 450엔~ / **교통** : 히고바시 역 7번 출구에서 남쪽으로 직진, 요시노야를 지나서 만나는 첫 번째 교차로에서 우회전한 다음 직진, 3분 정도 걸으면 왼쪽 / **시간** : 수-토 11:00-19:00, 일 11:00-18:00(월·화 휴무) / **전화** : 06-6147-2721 / **주소** : 大阪市西区京町堀1丁目14-28 UTSUBO+2 1F / **홈페이지** : les-gouters.com / **지도** : 284쪽

홉슈크림 ほっぷしゅうくりーむ 난바점

바삭한 껍질 사이로 터져나오는 슈크림

달콤한 향으로 일대 거리를 평정한 슈크림 전문점이다. 쿠키처럼 바삭하고 고소한 껍질 속에 가볍고 달콤한 슈크림이 먹기 어려울 만큼 한가득 들어 있다. 커스터드, 쇼콜라, 맛차 맛 등 기본 슈크림이 메인 메뉴이지만 각종 파르페와 슈 아이스, 동절기 한정으로 뚜껑을 연 모양의 따끈따끈한 슈도 맛볼 수 있다.

추천 : 커스터드 슈크림(カスタード シュークリーム) 160엔 / **교통** : 난바 역 19번 출구에서 도보 2분, 난카이난바 역 북출입구에서 도보 2분 / **시간** : 10:00-22:30 / **전화** : 06-6632-2055 / **주소** : 大阪市中央区難波3丁目2-26 / **홈페이지** : hop-shu-kuri-mu.com / **지도** : 285쪽

나카타니테이 なかたに亭

초콜릿에 모든 것을 걸다

온통 초콜릿 천국인 카페다. 대표 케이크도 역시 초콜릿 케이크인 카라이브로 입에 착 붙는 단맛이라 몇 개를 먹어도 질리지 않는다. 포장만 가능한 대부분의 케이크숍과는 달리 나카타니테이의 경우 실내에 자리가 마련돼 있어 케이크와 커피를 함께 즐길 수 있다.

추천 : 카라이브(カライブ) 540엔 / **교통** : 다니마치9초메 역 도보 8분 / **시간** : 화-토 10:00-19:00, 일 10:00-18:00(월, 셋째 주 화 휴무) / **전화** : 06-6773-5240 / **주소** : 大阪市天王寺区上本町6丁目6-27 / **홈페이지** : nakatanitei.com / **지도** : 285쪽

르 크루아상 Le Croissant 신사이바시점

미소를 자아내는 크루아상 한 입

골목에서부터 향긋하고 달달한 빵 냄새가 발길을 이끄는 베이커리다. 갓 구운 빵이 가장 맛있다는 신념으로, 구운 지 10분 이내 상품, 30분 이내 상품을 공지해가며 판매한다. 대표 메뉴는 역시 갓 구워낸 크루아상이다. 바삭하고 쫄깃한 빵 사이사이로 고소한 버터 향이 한가득 퍼지는데 감동의 미소가 절로 지어진다. 샌드위치나 다른 빵 종류도 다양하게 마련되어 있다.

추천 : 크루아상 푸치크로(ル·クロのプチクロ) 40엔 / **교통** : 신사이바시 역 6번 출구에서 도보 4분 / **시간** : 11:30-21:00 / **전화** : 06-6211-9603 / **주소** : 大阪市中央区心斎橋筋2-7-25 1F / **홈페이지** : le-cro.com/index.html / **지도** : 285쪽

키타하마 레트로

北浜レトロ

오사카에서 애프터눈티를 1912년 증권 중개업자의 사옥으로 지어진 영국식 건축물에 들어선 카페이다. 입구의 커다란 티폿과 고풍스러운 외관이 인상적이다. 차와 디저트, 잡화 등을 판매하는 1층을 지나 2층으로 올라가면 고풍스러운 영국식 카페가 나타난다. 홍차와 3단 트레이의 애프터눈티가 유명하지만 부담스럽다면 스콘과 홍차 세트를 즐겨보는 것도 좋다.

추천 : 애프터눈 티 2,400엔, 홍차 800엔, 케이크·스콘 세트 1,200엔
교통 : 키타하마 역에서 도보로 5분
시간 : 월-목 11:00-21:00, 금 11:30-21:30, 주말 10:30-19:00
전화 : 06-6223-5858
주소 : 大阪市中央区北浜1丁目1-26
지도 : 284쪽

타카무라 와인 앤 커피 로스터스

Takamura wine & Coffee roasters

와인과 니혼슈, 커피가 한곳에 1992년 창업한 이곳은 본래 와인과 니혼슈를 팔던 창고형 가게였다. 2013년에 식사 후 커피 한 잔을 즐기는 현대인의 트렌드에 맞춰 커피 사업을 시작하면서 원두의 깊은 맛과 향을 살린 커피를 선보이고 있다. 1층에는 다양한 와인과 니혼슈가 진열되어 있고 왼편에 커피를 주문하는 곳이 있다. 주문한 커피는 2층에서 편안하게 마실 수 있다. 커다란 와인 창고에서 즐기는 커피 한 잔을 경험해보자.

추천 : 드립커피(ドリップコーヒー) 350엔
교통 : 히고바시 역 8번 출구에서 도보 8분
시간 : 11:00-19:30(수 휴무)
전화 : 06-6443-3519
주소 : 大阪市西区江戸堀2丁目2-18
홈페이지 : takamuranet.com
지도 : 284쪽

마루후쿠커피 센니치마에본점

丸福珈琲店 千日前本店

오사카 커피 역사의 모든 것 오사카의 커피를 대표하는 곳으로 1934년에 문을 연 오사카 최초의 커피 전문점이자 오사카에서 가장 오래된 커피 전문점이다. 이곳 커피 맛은 매우 독특한데 첫맛이 아주 진하고 강한 반면 부드럽고 깔끔함만 혀끝에 남는다. 창업자가 수많은 실험과 실패 끝에 찾아낸 최적의 원두 로스팅 기술과 직접 제작한 커피 머신을 통해 이끌어낸 맛이라고 한다. 마루후쿠는 아직도 창업 당시 개발된 커피 머신을 그대로 사용하여 이곳만의 독특한 커피 맛을 이어가고 있다. 최근에는 아사히와 합작하여 캔커피도 판매하고 있을 정도로 영향력을 자랑하고 있다. 본점에는 커피 추출기 등도 전시되어 있어 오사카 커피 역사까지 한눈에 볼 수 있다.

추천 : 케이크 세트(ケーキセット) 960엔,
핫케이크 노미모노 세트(ホットケーキお飲物とセット) 1,393엔
교통 : 난바 역 난바워크 B26번 출구에서 도보 1분
시간 : 8:30-23:00(1/1 휴무) / **전화** : 06-6211-3474
주소 : 大阪市中央区千日前1丁目9-1
홈페이지 : marufukucoffeeten.com
지도 : 285쪽

몬디알 카페 328

Mondial Kaffee 328

오사카 최고의 라테 여러 가지 커피 메뉴 가운데 라테를 좋아하한다면 절대 빼놓지 말아야 할 곳이다. 이곳의 바리스타는 미국 애틀랜타 바리스타 대회에서 라테 부문 3위를 차지한 적 있는 실력자다. 수상 후 신사이바시 쪽 핫 플레이스인 키타호리에 지역에 자신의 가게를 냈고, 꾸준한 호평을 얻으며 오사카에 4개의 점포를 냈다. 이곳의 가장 대표적인 메뉴는 역시 카페라테. 진한 커피 향과 부드럽고 풍부한 거품이 아주 뛰어나다. 로스팅도 직접 하기 때문에 커피 원두도 구입할 수 있다. 넓고 안락한 본점에는 모닝 메뉴와 런치 메뉴가 마련돼 있어 커피뿐만 아니라 간단한 식사도 가능하다. 카페에서 만든 케이크와 빵 가운데 바나나브레드를 추천한다.

추천 : 카페라테 450엔, 바나나브레드 380엔, 모닝 메뉴 600엔, 런치 메뉴 950엔
교통 : 요츠바시 역 4번 출구에서 도보 1분
시간 : 8:30-21:00(주문 마감 20:30) / **전화** : 06-6585-9955
주소 : 大阪市西区北堀江1丁目6-16 フォレステージュ 北堀江 1F
홈페이지 : mondial.co.jp/cafe/
지도 : 285쪽

시아와세노판케키 미나미센바하나레점

幸せのパンケーキ

포근한 행복의 팬케이크 대단한 인기로 분점을 늘려가고 있는 팬케이크 전문점이다. 폭신폭신하게 구운 팬케이크에 마누카 꿀과 발효 버터를 올려내는데, 보기만 해도 달콤한 행복감이 번져나간다. 팬케이크를 기본으로 다양한 토핑과 세트 메뉴가 마련돼 있어 더욱 좋다. 분위기가 모던하면서도 따뜻해 매장에는 여성 손님들이 주를 이룬다.

추천 : 행복의 팬케익(幸せのパンケ キ) 1,100엔
교통 : 신사이바시 역 1번 출구에서 도보 7분, 혼마치 역 12번 출구에서 도보 6분
시간 : 11:00-20:00(주문 마감 19:00, 비정기 휴무)
전화 : 06-6226-8005
주소 : 大阪市中央区南久宝寺町3-2-15 SANKYUBASHI GARDENSCAPE 2F
지도 : 285쪽

모토커피

MOTO COFFEE

키타하마의 No.1 카페 나카노시마 공원과 나니와바시가 바라보이는 강변에 위치한 카페다. 나고야의 커피 전문점인 커피 카지타(coffee Kajita)의 원두로 내린 커피, 도쿄의 홍차가게 요요야(紅茶舗葉々屋)와 독일의 로네펠트 잎을 사용한 차와 함께 피자 토스트, 달걀 샌드위치, 크로크무슈, 베이글 등 베이커리 메뉴를 선보인다. 아늑한 지하 공간 외에도 키타하마강이 보이는 테라스석이 특히 인기인데 해 질 무렵에는 중앙공회당의 아름다운 풍경도 감상할 수 있다.

추천 : 커피 450엔, 카페라테 550엔, 스페셜리티 얼그레이 600엔
교통 : 키타하마 역 26번 출구 건너편
시간 : 12:00-19:00
전화 : 06-4706-3788
주소 : 大阪市中央区北浜2丁目1-1 北浜ライオンビル
홈페이지 : shelf-keybridge.com
지도 : 284쪽

노스 쇼어 카페 앤 다이닝 키타하마점

North Shore Cafe & Dining

강변에서 커피 한잔의 휴식 나카시노마의 고층빌딩과 나니와바시를 바라보며 커피와 식사를 즐길 수 있는 카페다. 일본 전역과·세계 각국에서 엄선한 제철 과일을 제조 및 판매하는 회사가 운영하는 곳으로 오사카, 고베, 교토, 에히메 등 일본에 13개의 지점이 있다. 생채소나 과일을 듬뿍 사용한 브런치 등 건강한 메뉴를 선보인다. 키타하마점의 테라스석은 늘 사람들로 붐비니 강바람을 맞으며 휴식을 즐기고 싶다면 조금 일찍 방문하는 것이 좋다. 키타하마점은 2018년 12월 16일 2층 리뉴얼로 새롭게 단장했으며, 최근 나카노시마점도 오픈했다.

추천 : 샌드위치(Sprout vegitables sandwich) 1,000엔, 캐러멜 바나나 팬케이크(Caramel Banana) 1,200엔
시간 : 7:00-19:00, 런치 11:30-14:00
전화 : 06-4707-6668
주소 : 大阪府大阪市中央区 北浜1-1-28ビルマビル2F
홈페이지 : northshore.jp / **지도** : 284쪽

*나카노시마점(中之島店)
시간 : 7:00-19:00, 런치 11:30-14:00, 디너 19:00-21:00
전화 : 06-6136-3378
주소 : 大阪市北区中之島3-1-2 / **지도** : 284쪽

차시츠

CHASHITSU for worker

독창적인 녹차와 커피 우보츠 공원 외곽에 위치한 카페로 차시츠는 일본어로 다실을 뜻한다. 일본 차를 기본으로 한 각종 음료와 떡으로 만든 오하기 버거, 파운드케이크 등 다양한 디저트 메뉴를 맛볼 수 있다. 호지차와 아메리카를 섞은 호지아메리카노, 원하는 만큼 커피를 넣어서 취향대로 즐길 수 있는 녹차 프라페 등 색다른 음료들을 즐겨보자.

추천 : 맛차라테(抹茶ラテ) 450엔, 호지아메리카노(ほうじ アメリカーノ) 450엔
시간 : 월-금 11:00-18:00, 주말 10:00-18:00
전화 : 06-6147-3286
주소 : 大阪市西区靭本町 1-16-14 HELLO life 1F
홈페이지 : chashitsu.jp
지도 : 284쪽

Osaka Shopping

오사카에서는 음식만큼이나 쇼핑을 빼놓을 수 없다. 우리나라에서 볼 수 있는 브랜드도 있지만
오직 일본, 오사카에서만 접할 수 있는 브랜드라면 놓치기 아쉽다.
특히 오사카의 백화점 식품관은 맛있는 먹을거리가 많기로 유명해 쇼핑 후 든든히 배를 채우기 좋다.
캐릭터부터 아기자기한 감성과 아이디어가 녹아 있는 생활소품까지 진짜 오사카를 득템해보자.

쇼핑몰 Shopping Mall

그랜드 프론트 오사카

GRAND FRONT OSAKA

오사카 역과 연결된 복합 쇼핑몰

260여 개의 점포가 입점해 있는 대형 복합 쇼핑몰로 4개의 건물로 이루어져 있다. 오사카 최대 규모의 무인양품 무지, 자라 홈 등이 있으며 유명 체인 음식점도 만날 수 있다. 우메콘 광장 지하에는 물의 도시 오사카를 콘셉트로 한 계단형 폭포가 있어 쇼핑과 산책을 동시에 즐길 수 있다. JR오사카 역과 연결된 다리 위에서 보는 우메다의 전경도 놓치지 말자.

교통 : 우메다 역 5번 출구에서 도보 5분, JR오사카 역 노스게이트 빌딩과 연결 / **시간** : 10:00-21:00 / **전화** : 06-6372-6300 / **주소** : 大阪市北区大深町4-1 / **홈페이지** : grandfront-osaka.jp / **지도** : 284쪽

누차야마치

NU茶屋町

다양한 편집숍이 한자리에

한큐 전철에서 운영하는 복합 쇼핑몰로 차야마치의 랜드마크다. 오사카 젊은이들의 문화와 패션을 선도하는 곳으로 1-5층에는 아방가르드 패션 브랜드인 꼼데가르송, 데님 브랜드 리(Lee) 외에도 다양한 편집숍이 입점해 있다. 별관인 누차야마치 플러스에는 인테리어 소품, 잡화, 문구류 브랜드가 입점해 있으며 3층에는 카페와 레스토랑이 있어 쇼핑과 식사까지 해결할 수 있다.

교통 : 한큐우메다 역 챠야마치 출구에서 도보 4분, 우메다 역 1번 출구에서 도보 4분 / **시간** : 11:00-21:00 / **전화** : 06-6373-7371 / **주소** : 大阪市北区茶屋町10-12 / **홈페이지** : nu-chayamachi.com / **지도** : 284쪽

한큐 백화점

우메다 본점

阪急うめだ本店

오사카 여행의 필수 코스

오사카 최대 규모의 백화점으로 우메다 역과 연결되어 있어 여행 중 한 번쯤은 꼭 지나게 되는 곳이다. 1929년 세계 최초로 역과 같은 건물에 지어진 백화점으로 2012년 리뉴얼을 거쳤다. 간사이 최대 규모를 자랑하는 화장품 매장과 명품부터 중저가 패션 잡화까지 다양한 브랜드가 입점해 있다. 특히 지하 식품관에는 몽셰르 도지마롤, 에쉬레, 고칸 등이 입점해 있어 인기가 대단하다.

교통 : 우메다 역과 연결 / **시간** : 일-목 10:00-21:00, 금·토 10:00-21:00 / **전화** : 06-6361-1381 / **주소** : 大阪市北区角田町8-7 / **홈페이지** : hankyu-dept.co.jp / **지도** : 284쪽

텐노지 미오

天王寺ミオ

텐노지 역과 연결된 백화점

텐노지의 랜드마크로 2018년 3월 대대적인 리모델링을 통해 새롭게 태어났다. 플라자관과 본관으로 이루어져 있으며 아베노하루카스와도 연결되어 있다. 본관 1-7층에는 젊은이들이 좋아하는 패션 브랜드가 많으며, 본관 10층 식당가에서는 텐노지 공원을 바라보며 식사를 즐길 수 있다. 플라자관 M2층에는 100석 규모의 식품관인 미오 엣 키친, 5층에는 생활용품 브랜드인 니토리 익스프레스가 있다.

교통 : JR텐노지 역과 연결 / **시간** : 11:00-21:00 / **전화** : 06-6770-1000 / **주소** : 大阪市天王寺区悲田院町10-39 / **홈페이지** : tennoji-mio.co.jp / **지도** : 287쪽

다카시야마 백화점 髙島屋大阪店 오사카점

미나미 대표 쇼핑 명소

1831년 포목점으로 시작해 1932년 현재의 난바로 확장해 옮겨오면서 오늘에 이른다. 냉난방 시설을 갖춘 최초의 일본 건물로, 간사이 국제공항을 연결하는 난카이 전철과 오사카메트로와 연결되어 있어 이동 중에 들르기에 좋다. 80여 개의 다양한 브랜드가 입점해 있으며, 특히 7-9층에 위치한 '난바 다이닝 메종'에는 우리나라 여행자들이 좋아하는 동양정, 하나코우메 등의 식당이 있다.

교통 : 난바 역과 연결 / **시간** : 10:00-20:00 / **전화** : 06-6631-1101 / **주소** : 大阪市中央区難波5丁目1-5 / **홈페이지** : takashimaya.co.jp / **지도** : 285쪽

다이마루 백화점 大丸心斎橋店 신사이바시점

미도스지 쇼핑 중심지

우메다와 신사이바시에서 모두 만나볼 수 있는 백화점이다. 신사이바시점은 2개의 관으로 구성, 신사이바시 역과 연결되어 있으며 남관 2층에는 간사이 투어리스트 인포메이션 센터가 있어 패스도 구입할 수 있다.

교통 : 신사이바시 역과 연결 / **시간** : 11:00-20:30 / **전화** : 06-6271-1231 / **주소** : 大阪市中央区心斎橋筋1-7-1 / **홈페이지** : daimaru.co.jp / **지도** : 285쪽

루쿠아 LUCUA Osaka

오사카에서 가장 핫한 쇼핑지

오사카 역 북쪽 노스 게이트 빌딩에 위치한 백화점이다. 20대를 타깃으로 한 각종 브랜드, 로프트와 무인양품, 무민숍, 프랑프랑 등의 라이프스타일 숍이 입점해 있으며 최근 가장 핫한 쇼핑지로 꼽힌다. 10층 다이닝에는 마루후쿠커피, 오오야마 모츠나베, GROM 등 유명 맛집들이 모여 있어 쇼핑 후 식사를 즐기기에도 좋다. 전문 편집숍인 '루쿠아1100'도 방문해보자.

교통 : JR오사카 역에서 연결, 미도스지센 우메다 역 3-A 출구 / **시간** : 10:00-21:00 / **전화** : 06-6151-1111
주소 : 大阪市北区梅田3丁目1-3 / **홈페이지** : lucua.jp / **지도** : 285쪽

라이프스타일 숍 Lifestyle Shop

프랑프랑

난바파크스점

Francfranc

쇼핑 욕구를 불러일으키는 아이템이 가득

일본 전역에서 80여 개 매장을 운영 중인 인테리어·잡화 전문 브랜드로, 특히 우리나라 여행객들에게 필수 쇼핑 스폿으로 잘 알려져 있다. 각종 화려한 잡화들 중에서 아기자기하면서도 포인트가 되는 소형 주방 용품들이 선물로 인기가 많다. 디즈니와 컬래버레이션한 식판과 수저 세트, 재미있는 모양의 세척 스펀지, 물병, 다기 등 인기 품목이 셀 수 없이 많다.

교통 : 난카이난바 역 남 출입구에서 도보 6분 / **시간** : 11:00-21:00(난바파크스 휴무일과 동일) / **전화** : 06-4397-8826 / **주소** : 大阪市浪速区難波中2-10-70 なんばパークス 5F / **홈페이지** : francfranc.com / **지도** : 285쪽

애프터눈 티 리빙

난바파크스점

Afternoon Tea LIVING

기분 좋은 일상의 액센트

주방용품을 비롯한 가방, 액세서리, 의류 등 다양한 생활 잡화를 취급하고 있다. 'Spice of a day'라는 슬로건 아래 주방과 거실 분위기를 바꿀 수 있는 아기자기한 아이템들이 제대로 갖춰져 있다. 귀엽고 발랄하면서 여성스러운 패턴의 상품이 많아 여성 고객들이 주를 이룬다.

교통 : 난카이난바 역 남 출입구에서 도보 4분 / **시간** : 10:00-21:00(난바시티 휴무일과 동일) / **전화** : 06-6644-2418 / **주소** : 大阪市中央区難波5-1-60 なんばCITY本館 B1階 / **홈페이지** : afternoon-tea.net / **지도** : 285쪽

로프트 LOFT

우메다점

실용적인 아이템이 필요할 때

가구, 생활용품, 필기구, 주방기구 등 생활 전반에 걸쳐 기발하고 개성 넘치는 아이디어 상품을 판매하는 곳으로, 실생활에 꼭 필요하고 품질까지 뛰어난 제품만 엄선해 판매한다. 매장을 꼼꼼히 둘러보면 무릎을 탁 칠 만큼 신기한 제품들을 찾을 수 있으므로 찬찬히 쇼핑을 즐겨보자.

교통 : 한큐우메다 역 차마야치 출구에서 누 차야마치 방면으로 도보 5분 / **시간** : 10:30-21:00 / **전화** : 06-6359-0111 / **주소** : 大阪市北区茶屋町16-7 / **홈페이지** : loft.co.jp / **지도** : 284쪽

*난바점

교통 : 난바역 3번 출구에서 도보 5분 / **시간** : 10:00-22:00 / **전화** : 06-6631-6210 / **주소** : 大阪市中央区難波千日前１2−22 難波センタービル / **지도** : 285쪽

*아베노점

교통 : 아베노역 1번 출구에서 도보 3분 / **시간** : 11:00-21:00 / 전화 : 06-6625-6210 / **주소** : 大阪市阿倍野区阿倍野筋2丁目1−40 あべのand / **지도** : 287쪽 상단

무인양품 無印良品 MUJI

난바점

Simple is the Best!

그야말로 깔끔한 디자인의 미덕을 보여주는 매장이다. 우리나라에도 입점해 있지만 큰 할인폭과 넉넉한 재고 덕에 관광객들의 방문이 끊이지 않는다. 의류, 잡화, 가구, 인테리어 용품, 식기, 식품, 화장품까지 '무늬와 장식을 최소화한 좋은 상품'을 콘셉트로 단정하고 깔끔한 라이프스타일을 선보인다.

교통 : 난카이난바 역 북 출입구에서 도보 3분, 난바 역 20번 출구에서 도보 5분 / **시간** : 10:00-22:00(1/1 휴무) / **전화** : 06-6648-6461 / **주소** : 大阪市中央区難波千日前12-22 難波センタービル B2-2F / **홈페이지** : muji.com/jp / **지도** : 285쪽

*난바시티 점

교통 : 난카이난바 역과 연결(난바시티 남관) / **시간** : 10:00-21:00 / **전화** : 06-6644-2688 / **주소** : 大阪市中央区難波5丁目1−60 なんばCITY 南館 / **지도** : 285쪽

내츄럴 키친 NATURAL KITCHEN

화이티 우메다점

아기자기한 쇼핑의 즐거움

2001년 문을 연 잡화점으로 화이티 우메다 지하, 난바시티, 텐노지 미오에 지점이 있다. 주방, 인테리어, 수예 관련된 아기자기하고 다양한 제품을 판매하는데 저렴한 가격이 믿기지 않을 정도로 품질이 좋다.

교통 : 히가시우메다 역 북동쪽 개찰구 1번 출구, 우메다 역 1번 출구 / **시간** : 10:00-21:00 / **전화** : 06-6373-0740 / **주소** : 大阪市北区小松原町1 梅田地下街 1-2号 **홈페이지** : natural-kitchen.j / **지도** : 284쪽

잡화점 Goods Mall

이치비리안

도톤보리점

いちびり庵 道頓堀店

재미있는 오사카 관련 상품이 한가득

오사카의 특산품과 오사카 관련 캐릭터 상품을 판매하는 곳으로 도톤보리와 난바 역 근처에 매장이 있다. 여러 기념품점 가운데 가장 깔끔하고 상품이 다양하므로 오사카를 추억하고 싶은 아이템을 사거나 선물을 살 때 제격이다. 도톤보리의 명물 쿠이다오레 관련 음식, 캐릭터 상품, 오코노미야키와 타코야키 관련 제품들이 가득하다. 한국어가 가능한 점원들도 많아 더욱 편리하다.

교통 : 난바 역 14번 출구에서 도보 3분 / **시간** : 10:30-21:00 / **전화** : 06-6211-0685 / **주소** : 大阪市中央区難波1丁目7-2 / **지도** : 285쪽

돈키호테

도톤보리점

ドン・キホーテ

없는 게 없다, 보물찾기 동키!

1978년 소규모 점포로 시작해 1995년에 지금의 이름을 얻게 된 40년 역사의 유명 잡화점으로, 도톤보리점은 2005년에 오픈했다. 취급하지 않는 품목이 없다고 봐야 할 정도로 상품의 폭이 넓고 24시간 영업에 면세 적용도 돼 필수 쇼핑 스폿으로 꼽힌다. 빽빽하게 압축 진열된 매장을 보물찾기 하듯 돌아다니는 재미가 쏠쏠하다. 실용품뿐만 아니라 각종 취미 굿즈도 다양하게 구비되어 있어 더욱 놓치기 아쉽다.

교통 : 난바 역 14번 출구에서 도보 5분(도톤보리 강변) / **시간** : 24시간(연중무휴) / **전화** : 06-4708-1411 / **주소** : 大阪市中央区宗右衛門町7-13 / **홈페이지** : donki.com / **지도** : 285쪽

도큐핸즈 東急ハンズ

신사이바시 점

당신의 일상에 힌트를 주는 손

'삶의 힌트를 판매하는 숍'이라는 슬로건 아래, 생활 전반의 각종 잡화들을 취급하는 대형 매장이다. 프로용 공구, 공예 도구, 재료 등의 상품과 전문가들을 배치해 타 업체들과의 차별화에 성공한 이후에는 DIY 관련 상품들을 주력 상품으로 판매하고 있다. 점포 특성상 넓은 상권과 인구가 필요해서 출점에 제한이 많았는데 근래에는 기존 점포의 1-2% 규모인 미니숍 '핸즈비'를 오픈해 이를 보완하고 있다

교통 : 신사이바시 1번 출구에서 도보 2분(지하상가 크리스타 나가호리에서 바로 연결) / **시간** : 10:00-21:00(연말연시에 한해 변경 가능) / **전화** : 06-6243-3111 / **주소** : 大阪市中央区南船場3-4-12 / **홈페이지** : tokyu-hands.co.jp/index.php / **지도** : 285쪽

*우메다 점

교통 : JR오사카 역 사우스 게이트 빌딩 연결, 우메다 역 3-A 출구(다이마루 백화점 10-12층) / **시간** : 10:00-21:00 / **전화** : 06-6347-7188 / **주소** : 大阪市北区梅田3丁目1－1 大丸梅田店10-12F / **지도** : 285쪽

플라잉 타이거 코펜하겐 Flying Tiger Copenhagen

아메리카무라점

화려한 색감, 개성 있는 아이템

덴마크의 디자인 잡화 스토어로 유럽 각국을 비롯해 우리나라에도 진출해 있다. 합리적 가격에 재치 넘치는 일상 용품, 의류, 식품을 선보인다. 세련된 북유럽풍 패턴과 디자인은 물론, 절로 미소를 머금게 되는 재미난 제품들이 많아서 인기가 많다. 아메리카무라점은 플라잉 타이거의 아시아 1호점으로, 오픈 당시 재고 물량이 맞지 않아 3일 만에 임시휴업을 하는 등 해프닝도 겪었다고 한다.

교통 : 신사이바시 역 7번 출구에서 도보 4분 / **시간** : 11:00-20:00(연중무휴) / **전화** : 06-4708-3128
주소 : 大阪市中央区西心斎橋2-10-24 プレヴュービル 1·2F / **홈페이지** : jp.flyingtiger.com/ja-jp / **지도** : 285쪽

캐릭터 숍 Character Shop

키디랜드

우메다점

Kiddy Land

인기 캐릭터 관련 상품이 다 모였다!

리락쿠마, 헬로키티, 지브리 캐릭터, 스누피, 카피바라상 등 수많은 캐릭터 상품을 한자리에서 만나볼 수 있는, 캐릭터 상품의 천국이다. 일본 캐릭터뿐만 아니라 스타워즈 관련 상품, 마블 코믹스 관련 상품도 갖춰져 있으며, 장난감 코너, 학용품 코너도 마련돼 있다. 어른 아이 할 것 없이 만족할 만한 쇼핑을 즐길 수 있는 곳이다.

교통 : 한큐우메다 역 차야마치 방면 출구에서 도보 3분, 우메다 역 1번 출구에서 지상으로 올라와 좌측 유니클로 방면으로 직진 도보 5분 / **시간** : 10:00-21:00 / **전화** : 06-6372-7701 / **주소** : 大阪市北区芝田1丁目1-3 阪急三番街北館 / **홈페이지** : www.kiddyland.co.jp/umeda / **지도** : 284쪽

리락쿠마 스토어

우메다점

リラックマストア

셀럽들이 사랑하는 캐릭터

'휴식을 취한다'는 뜻의 영단어 '릴랙스(Relax)'와 '곰'을 뜻하는 일본어 쿠마(kuma)의 합성어로 리락쿠마, 코리락쿠마, 키이로이토리, 챠이로이코구마 등의 캐릭터가 있다. 일본에서는 리락쿠마 관련 책이 베스트셀러일 정도로 큰 인기며 최근 우리나라 셀럽들이 좋아하는 캐릭터로도 알려져 있다. 리락쿠마와 코리락쿠마는 곰이 아닌 곰인형으로 대표 캐릭터로 따로 성별이 없다. 오사카에는 한큐삼번가와 아베노 큐즈몰 2곳에 스토어가 있다.

교통 : 한큐우메다 역에서 지하상가로 연결, 우메다 역 북쪽 개찰구에서 도보 1분 / **시간** : 쇼핑가 10:00-20:00, 식당가 10:00-21:00 / **전화** : 06-6372-7708 / **주소** : 大阪市北区芝田1-1-3 阪急三番街北館 1F(한큐삼번가 별관) /**홈페이지** : san-x.co.jp / **지도** : 284쪽

디즈니 스토어 Disney Store

우메다 헵파이브점

꿈과 희망의 디즈니 세상

오사카에는 신사이바시와 헵파이브 텐노지 큐즈몰에서 만날 수 있는 세계적인 애니메이션 명가 디즈니의 캐릭터숍이다. 규모는 신사이바시 지점이 더 크지만 헵파이브점은 특별 아이템이 많아 디즈니 마니아들 사이에서 더 인기가 많다. 곰돌이 푸, 미키 마우스, 도널드덕, 구피는 물론 <라푼젤>, <겨울왕국>, <스타워즈> 등 다양한 캐릭터로 만들어진 아이템이 가득하다. 우리나라 여행자들에게 인기인 미키 식판은 선물용으로 좋다.

교통 : 우메다 역에서 도보 5분, JR오사카 역 미도스지 출구에서 도보 4분 / **시간** : 11:00-21:00 / **전화** : 06-6366-3932 / **주소** : 大阪市北区角田町5-15 / **홈페이지** : disneystore.co.jp / **지도** : 284쪽

*신사이바시점
교통 : 신사이바시 역 6번 출구에서 도보 10분
시간 : 10:00-21:00 / **전화** : 06-6213-3932
주소 : 大阪市中央区心斎橋筋2丁目1-23
지도 : 284쪽

포켓몬센터 오사카

우메다점

Pokemon Center Osaka

피카피카 피카츄!

만화 <포켓몬스터>에서 포켓몬 트레이너들이 쉬어가는 곳인 포켓몬센터를 콘셉트로 하고 있는 캐릭터숍으로 우메다 다이마루 백화점에 있다. 피카츄를 비롯한 여러 캐릭터 인형, 도시락통이나 그릇 같은 생활용품, 쿠키와 캔디 제품들이 고루 갖춰져 있다. 간사이에서 두 곳, 그중 한 곳이 바로 오사카점이며 전 세계적인 인기를 입증하듯 언제나 많은 사람들로 붐빈다.

교통 : JR오사카 역 사우스 게이트 빌딩과 연결, 우메다 역 3-A 출구 / **시간** : 10:00-20:00 / **전화** : 06-6346-6002 / **주소** : 大阪市北区梅田3-1-1 大丸梅田店13F (다이마루 백화점 13층) / **홈페이지** : daimaru.co.jp / **지도** : 284쪽

동구리공화국 지브리

오사카점

どんぐり共和国 ルクア大阪店

지브리 애니메이션을 찾아서

유명 만화작가 미야자키 하야오의 애니메이션 캐릭터가 모여 있는 곳이다. <이웃집 토토로>, <벼랑 위에 포뇨>, <마녀 배달부 키키>, <센과 치히로의 행방불명>, <하울의 움직이는 성> 등 우리나라에서도 큰 인기를 얻은 애니메이션 캐릭터 인형, 피규어, 열쇠고리, 퍼즐, 문구류, 찻잔 및 식기, 손수건 등 다양한 소품을 판매한다.

교통 : JR 오사카 역에서 연결, 우메다 역 3-A 출구(루쿠아 9층) / **시간** : 10:00-21:00 / **전화** : 06-6151-1405 / **주소** : 大阪市北区梅田3-1-3 ルクア / **홈페이지** : benelic.com / **지도** : 285쪽

전자상가 Electronics Store

빅카메라

난바점

bic camera

전자제품 전문 백화점

카메라 할인점으로 시작해 가전 전문 판매점으로 자리매김한 곳이다. 오늘날에는 가전 외에 다양한 생활 상품들을 취급하는 데다 난바점의 경우 시내 중심에 위치해 있어 현지인은 물론 관광객들로 늘 붐빈다. 면세 8%에 추가 할인 되는 카드도 있으니 쇼핑할 계획이라면 미리 확인해보자.

교통 : 난바 역에서 도보 3분, 닛폰바시 역에서 도보 5분(난바워크 B17·B19·B21 출구) / **시간** : 10:00-21:00(연중무휴) / **전화** : 06-6634-1111 / **주소** : 大阪市中央区千日前2-10-1 / **홈페이지** : www.biccamera.com / **지도** : 285쪽

애플 스토어

신사이바시점

APPLE STORE

애플마니아 그리고 얼리어답터들의 공간

더욱 빠르고 저렴하게 애플 제품을 구입하려는 해외 방문객들의 발길이 끊이지 않는 곳이다. 1층은 상품 진열 공간이며, 2층은 미니 세미나와 지니어스 바가 있어 전문 교육을 받은 직원들이 기본적인 사용법 등을 알려준다. 상품가가 우리나라보다 늘 저렴한 것은 아닌 만큼, 물품 구매 전 환율을 고려해 애플 공식 웹사이트에서 한국-일본 가격을 대조할 것을 권한다.

교통 : 신사이바시 역 7번 출구에서 도보 3분 / **시간** : 10:00-21:00 / **전화** : 06-4963-4500 / **주소** : 大阪市中央区西心斎橋1-5-5 アーバンBLD心斎橋 / **홈페이지** : www.apple.com/jp / **지도** : 285쪽

요도바시카메라 ヨドバシカメラ

우메다점

전자제품, 피규어, 애니메이션 관련 상품을 한번에

오사카에서 전자제품, 피규어, 애니메이션 관련 상품을 한번에 구입하려면 어디로 가야 할까? 요도바시카메라는 일본 3대 전자제품 매장 중 하나로 컴퓨터, 태블릿, 카메라, 오디오, 가전제품, 건강용품, 게임, 프라모델, 장난감, 피규어 등을 판매하는 초대형 전자상가다. 웬만한 제품은 미리 체험도 가능해서 더욱 좋다. 10만 원 이상 구입할 경우 면세 혜택도 받을 수 있다.

교통 : 우메다 역 5번 출구 / **시간** : 9:30-22:00 / **전화** : 06-4802-1010 / **주소** : 大阪市北区大深町1 大阪市北区大深町1-1 / **홈페이지** : yodobashi.com / **지도** : 284쪽

야마다 덴키 라비1 ヤマダ電機 LABI1

난바점

과거와 현재가 공존하는 특별한 공간

일본 가전제품 체인 야마다덴키의 지점으로 난바파크스 옆에 위치한다. 요도바시카메라만큼 다양한 제품을 갖추고 있지만 조금 더 여유롭게 쇼핑을 즐길 수 있는 것이 장점이다. 생활가전, 스마트폰, 노트북, 카메라 등 전자제품 외에도 뷰티, 도서, CD, DVD, 장난감, 피규어 매장도 있다. 지금은 보기 힘든 CD플레이어와 카세트 테이프도 새제품으로 구입할 수 있으니 관심 있다면 들러보자.

교통 : 난카이난바 역 중앙개찰구에서 도보 3분, 난바 역에서 도보 5분 / **시간** : 10:00-22:00
전화 : 06-6649-8171 / **주소** : 大阪市浪速区難波中2-11-35
홈페이지 : yamadalabi.com / **지도** : 285쪽

보크스 쇼룸 오사카점

ボークス 大阪ショールーム

당신을 치유하는 NO.1 취미 공간 모형·취미 제품 소도매업 메이커 보크스(VOLKS)의 오사카 쇼룸으로, 무려 8층 규모를 자랑한다. 1층은 핫한 장르별 신제품, 2층은 피규어 매장, 3층은 로봇과 메카닉, 건프라 매장, 4층은 제작 공구 매장, 5층은 비행기, 함선, 자동차 모형 매장, 6층은 철도 모형 매장, 7층은 구체 관절 인형 슈퍼 돌피 매장, 8층은 이벤트 플로어다. 각층의 샘플 수와 모형 수준, 레어 컬렉션, 전문 스태프까지 여러 면에서 놀라움을 자아내는 곳이다.

교통 : 닛폰바시 역 10번 출구에서 도보 8분, 에비스초 역 1-a출구에서 도보 5분
시간 : 11:00-20:00
전화 : 06-6634-8155
주소 : 大阪市浪速区日本橋4-9-18
홈페이지 : www.volks.co.jp/jp/shop/osaka_sr/
지도 : 285쪽

빌리지 뱅가드 난바파크스점

Village Vanguard

이색 서브컬처 잡화와 책을 찾고 있다면 나고야에서 시작된 서점 겸 잡화점으로 '놀 수 있는 서점'을 모토로 운영한다. 책, CD는 물론 인테리어, 의류, 장난감 등 재미있고 키치한 디자인 잡화들이 가득한데, 마니아층을 타깃으로 한 취미 분야 상품이 주를 이룬다. 도서의 경우 대형 출판사 외의 책들이 많아 발견하는 재미가 쏠쏠하다.

교통 : 난카이난바 역 남 출입구에서 도보 5분
시간 : 11:00-21:00(비정기 휴무)
주소 : 大阪市浪速区難波中2-10-70なんばパークス 5F
전화 : 06-6636-8258
홈페이지 : village-v.co.jp
지도 : 285쪽

만다라케 그랜드 카오스점

まんだらけ

'아니메 굿즈'의 카오스 속으로 만화책, 피규어, 장난감 등 애니메이션 및 게임 마니아들의 콜렉션을 사고 파는 곳으로, 코스프레 용품과 아이돌 상품도 취급하고 있다. 중고 상품도 많은 데다 창고 같은 내부가 다소 산만하고 깔끔하지는 않지만 콜렉터들에게는 지나칠 수 없는 성지다. 일본에서는 오래된 캐릭터도 버리는 일이 없으니, 어릴 적 좋아하던 애니메이션 캐릭터들과 만나는 행운을 기대해볼 수 있다.

교통 : 신사이바시 역 7번 출구에서 도보 6분
시간 : 12:00-20:00
전화 : 06-6212-0771
주소 : 中央区西心斎橋2-9-22
홈페이지 : mandarake.co.jp/index2.html
지도 : 285쪽

레고랜드 디스커버리 센터

レゴランド・ディスカバリー・センター

레고의 모든 것 레고 마니아 사이에서 특히 유명한 곳으로 레고의 모든 것을 보고 만지며 경험할 수 있다. 흔히 레고를 아이들을 위한 장난감 정도라고 생각한다면 큰 오산. 레고의 세계에 빠져드는 데는 어른 아이가 따로 없다. 이곳은 오사카의 명소를 축소해 만든 미니랜드가 특히 인기다. 실내 시설이라 날씨에 구애 받지 않고, 널찍한 공간 덕분에 아이들이 마음껏 놀기에도 좋다. 아이 동반 시 주유패스로 성인 입장이 가능하니 기억해두자.

교통 : 오사카코 역에서 도보 7분
시간 : 월-금 10:00-17:00, 주말 10:00-18:00
전화 : 800-100-5346
주소 : 大阪市港区海岸通1-1-10(덴포잔 마켓 플레이스)
홈페이지 : legolanddiscoverycenter.jp
지도 : 287쪽 하단

DRUGSTORE ITEM
드럭스토어 쇼핑 아이템

용각산 목캔디 카시스 & 블루베리 맛

龍角散 龍角散ののどすっきり飴 カシス&ブルーベリー

19가지의 허브 진액과 용각산 파우더가 만나 답답한 목을 시원하게 풀어준다.

200엔

루루어택 IB에-스

ルルアタックIBエース

목감기·코감기·기침에 탁월한 감기약

30정 2,000엔

로이히 츠보코

ロイヒつぼ膏

일명 '동전 파스'로 통증 완화 및 지압 효과가 탁월하다.

156매 1,200엔

에스에스제약 이브A

エスエス製薬 イブA錠

약효가 탁월한 일본 국민 두통약

60정 800엔

카오 프리마 비스타 베이스

花王 プリマヴィスタ 皮脂くずれ防止化粧下地

피지·모공을 감쪽같이 가려주는 메이크업 베이스

25ml 3,000엔

히로인 스피디 마스카라 리무버

ヒロイン スピーディーマスカラリムーバー

딱딱하게 굳은 마스카라도 한번이면 간단하게 지워지는 리무버

900엔

메가네 후키후키

メガネ フキフキ

안경·스마트폰·카메라 렌즈·모니터 세척은 물론 세균 제거까지 가능한 클리너

40포 500엔

비오레 UV 아쿠아 리치 워터리 에센스

ビオレ UV アクアリッチ ウォータリーエッセンス

백탁 현상이 없는 가벼운 느낌의 선크림

50g 700엔

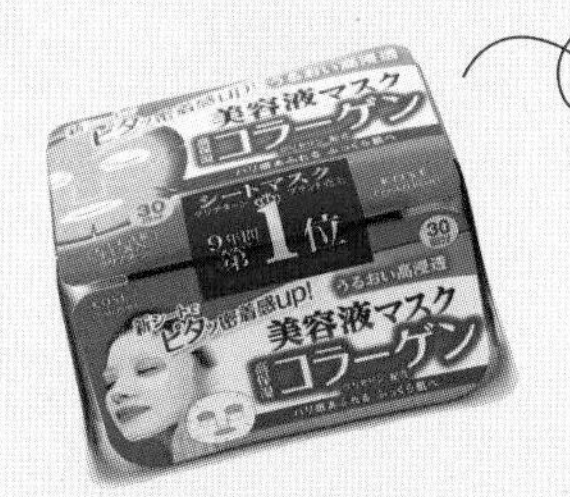

코세 클리어턴 에센스 마스크팩

コーセー クリアターン エッセンスマスク

물티슈처럼 뽑아 쓰는 마스크팩으로 종류가 다양하며, 데일리 팩으로 사용하기 좋다.

30매 918엔

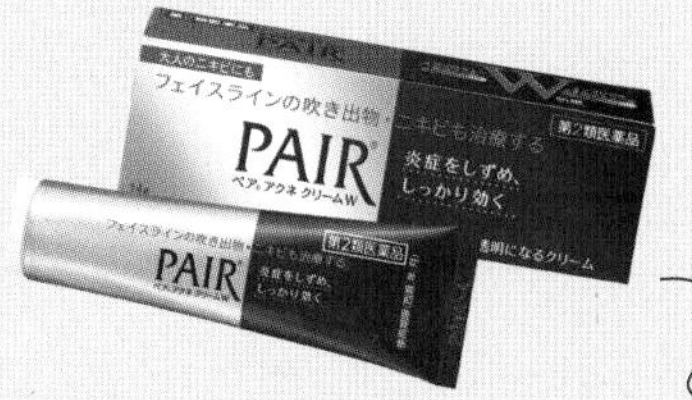

푸룬또 곤냐쿠제리 파우치

ぷるんと蒟蒻ゼリーパウチ

통관이 금지된 컵형 곤약 젤리의 대체 상품으로 파우치로 되어 있어 먹기 편리하다.

6개입 108엔

페어 아크네 크림 W

ペアアクネクリームW

성인 여드름에 탁월한 효능이 있는 크림으로 연고이지만 제형이 가벼워 부담 없다.

14g 900엔

코세 소프티모 스피디 클렌징 오일

KOSE ソフティモ スピーディ クレンジングオイル

일본 드럭스토어 클렌징 오일 부분 만족도 1위에 빛나는 아이템. 이름 그대로 빠르고 부드럽게 메이크업을 지워낸다.

230ml 400엔

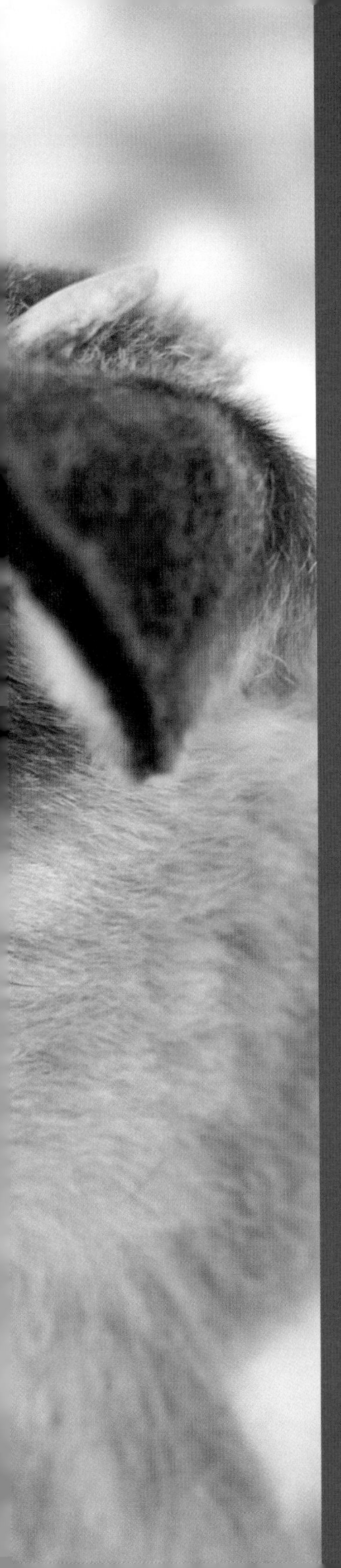

나라

Nara

가는 방법

출발	교통수단	도착
간사이 국제공항 제1터미널	리무진 버스 (90분, 2,050엔)	긴테츠나라 역
JR오사카 역	야마토지센 (52분, 800엔)	JR나라 역
오사카난바 역	긴테츠나라센 (39분, 560엔)	긴테츠나라 역

주요 역

JR나라 역, 긴테츠나라 역

긴테츠나라 역에서 도보 소요 시간

나라공원 20분, 도다이지 20분, 고후쿠지 7분

나라공원 천 마리가 넘는 사슴의 천국

奈良公園, 나라코엔

나라는 교토보다 앞서 일본의 수도였던 곳으로, 곳곳에 고대 일본의 흔적이 많이 남아 있다. 도심 가까이에 위치한 나라공원은 산지까지 합쳐 약 660헥타르에 달하는 방대한 부지와 130년이 넘는 역사를 자랑한다. 공원 내에는 1200마리가 넘는 사슴이 살고 있어 '사슴 공원'이라는 별칭으로도 불린다. 공원 내에는 도다이지, 고후쿠지, 가스가타이샤 등 전국에서도 유명한 사찰과 신사가 모여 있으며 나라 국립박물관도 위치해 있다. 연간 방문자 수만 약 1300만 명에 달할 정도니, 그야말로 나라 여행의 시작이자 끝을 장식하는 곳이라 할 수 있다.

역에서 10분쯤 걸어가면 울타리도 없이 잔디밭을 어슬렁거리는 사슴이 보이기 시작한다. 공원 일대를 터전으로 살아가는 사슴들은 예부터 신의 사자로 여겨져 신성시되었다. 태평양 전쟁 시기에는 식량 확보를 위해 개체수가 급감했지만 이후 천연기념물로 지정하는 등 보호에 힘쓰고 있다.

1 사슴 먹이를 판매하는 상인
2 사슴에게 먹이를 주고 있는 아이

사슴은 경계심이 강한 동물이지만, 이곳 사슴들은 수많은 관광객 속에서 낮잠까지 잘 정도로 사람을 피하지 않는다. 공원 곳곳에서 판매하는 사슴 과자를 구입해 직접 먹이도 줄 수 있지만, 먹이를 보고 여러 마리의 사슴이 몰려들 때에는 안전에 유의해야 한다. 사슴은 생각보다 덩치가 크고, 깨물거나 덤비는 식으로 공격성을 보이는 경우도 있다. 특히 5~7월 출산기와 9~11월 발정기를 조심하자.

whenever TIP

1. 무료로 개방되는 나라 현청 옥상에서는 도다이지, 와카쿠사야마(若草山), 국립박물관 등 나라공원 일대를 내려다볼 수 있다. 시기마다 다르지만 대략 8:30-17:00에 개방된다.((토-일, 공휴일 휴무)

2. 사람과의 공생과 삼림보호를 위해 1671년부터 시작된 사슴 뿔 자르기 행사(鹿の角きり)가 매년 10월 초 주말과 공휴일에 공원 내 로쿠엔(鹿苑)에서 개최된다.(성인 1000엔, 아동 500엔)

whenever INFO

교통: 긴테츠나라 역(近鉄奈良駅) 2번 출구로 나와 직진 10분 / JR나라 역(JR奈良駅) 동쪽 출구로 나와 직진 20분

전화: 0742-22-0375

주소: 奈良市登大路町30

홈페이지: nara-park.com

3 나라공원 전경

나라의 사슴과
가스가타이샤

가스가타이샤(春日大社) 신사는 약 1300년 전, 헤이안시대 유력 집안이었던 후지와라 가문의 씨족신을 모신 곳이다. 신사를 지은 후 멀리 가시마 신궁에서 다케미카즈치노 미코토(武甕槌命) 신을 모셔 왔는데 이때 신이 흰사슴을 타고 왔다고 해 이후부터 나라에서는 사슴을 신성시하게 되었다.

신사 진입로부터 빼곡히 들어선 석등이 눈길을 사로잡는데, 건물 안팎을 통틀어 총 2천여 개에 달한다고 한다. 신사로 올라가는 길목에는 가스가타이샤 신엔(神苑)이라는 정원이 있는데 이곳에서는 매년 2월과 8월에 만토로마츠리(万燈籠祭)가 열린다. 쥬겐만토로(中元万燈籠)라고도 불리는 축제가 열리면 때에 신사에 석등을 기부한 사람들이 찾아와 석등에 불을 밝히고 자신의 안녕과 복을 비는 내용을 적은 종이를 붙여둔다.

화재로 여러 차례 소실되고 복구된 가스가타이샤 신사는 1998년 12월 유네스코 세계문화유산에 등재되면서 더욱더 유명세를 타게 되었다. 신사 내에는 중요 문화재 520점을 포함, 3천여 점의 보물을 소장하고 있는 보물전과 일본에서 귀족문화의 정수로 꼽히는 가집(歌集) 〈만요슈(萬葉集)〉에 등장하는 정원인 만요슈 식물원이 자리해 있다.

교통 : 긴테츠나라 역 2번 출구에서 도보 35분, JR나라 역 동쪽 출구 및 긴테츠나라 역 2번 버스 정류장에서 시내순환버스 탑승 후 가스타이샤오모테산도(春日大社表参道) 정류장 하차 후 도보 10분 / 시간 : 4-9월 6:00-18:00, 10-3월 6:30-17:00, 본전 앞 참배 8:30-16:00 / 입장료 : 국보전 성인 500엔, 고등학생 300엔, 초등학생 200엔 / 전화 : 742-22-7788 / 주소 : 奈良県奈良市春日野町160 / 홈페이지 : kasugataisha.or.jp / 지도 : 288쪽

나라공원 풍경

도다이지 나라를 대표하는 세계문화유산

우리나라에는 '동대사'라는 이름으로 잘 알려진 도다이지는 나라를 넘어 일본을 대표하는 사찰이자 문화유산으로 꼽힌다. 세계 최대의 목조 축조 건축물인 다이부츠덴(大仏殿)과 청동 불상 외에도 니가츠도, 홋케도, 난다이몬, 쇼소인(正倉院) 등 경내에 수많은 국보와 중요 문화재가 산재한다. 1998년에는 '고도 나라의 문화재'로서 나라의 여러 사적지와 함께 유네스코 세계문화유산에 등재되면서 그 가치를 인정받았다. 나라 도심에서 가까운 나라공원 안에 있어 찾아가기 쉽다는 것도 장점.

쇼무텐노(聖武天皇)가 사찰을 창건한 8세기에는 다이부츠덴의 크기가 지금보다 30% 정도 컸고, 양쪽에는 추정 높이 70m의 7층탑도 있었다고 한다. 하지만 전쟁과 지진 등으로 많은 건물이 소실되었으며 현재의 다이부츠덴은 1709년 세 번째로 재건된 것이다.

1 나라공원에서 난다이몬(南大門)으로 가는 길
2 높이 48.74m의 다이부츠덴 내부

다이부츠덴 내부에는 높이 15m에 무게가 400톤이 넘는 세계 최대 규모의 청동 불상이 자리해 있다. 불상의 귀 길이만 해도 2.54m에 이른다. '나라의 대불'로도 알려진 이 불상의 정식 명칭은 루샤나부츠조(盧舍那仏像)이다. 1,200년이 넘는 세월 동안 수차례의 전쟁으로 파손되었던 불상은 1691년 보수를 거쳐 현재까지 전해져 내려오고 있다. 불상 하단부에서 창건 당시의 모습도 확인할 수 있다. 불상 뒤에는 구멍 뚫린 기둥이 있는데, 이 구멍을 통과하면 한 해의 액땜을 한다는 이야기가 전해온다.

관람 순서는 따로 정해져 있지 않다. 입장료를 따로 받지 않는 건물 위주로 자유롭게 관람해보자. 다이부츠덴 외에 관람하면 좋을 만한 국보급 문화재 3곳을 소개한다.

3 다이부츠덴 내부의 청동 불상
4 불상 뒤에는 구멍이 뚫린 기둥이 있는데, 이 구멍을 통과하면 한 해의 액땜을 한다고 한다.
5 난다이몬 현판
6 도다이지에서 가장 오래된 건물인 홋케도
7 니가츠도에서 내려다보이는 전경
8 카가미이케(鏡池) 연못과 이츠쿠시마 신사

난다이몬(南大門)

도다이지의 정문. 962년 태풍으로 파괴되어 1199년 송나라의 건축양식으로 재건되었다. 문 안쪽에는 금강역사와 석조 사자가 안치되어 있으며 현판에는 화엄종의 대본산답게 '대화엄사(大華厳寺)'라고 적혀 있다.

홋케도(法華堂)

도다이지에서 가장 오래된 건물이다. 음력 3월에 법회가 열린다 하여 산가츠도(三月堂)라고도 불린다.

니가츠도(二月堂)

음력 2월에 나라의 안녕과 풍작을 기원하는 오미즈토리(お水取り)가 열린다 해서 생겨난 이름이다. 1667년 화재로 소실되었다가 2년 후 재건되었다. 니가츠도에서 내려다보이는 도다이지 일대의 경관이 특히 유명하다.

whenever INFO

교통: 긴테츠나라 역(近鉄奈良駅) 2번 출구에서 직진 20분, 나라 국립박물관을 지나 첫 사거리에서 좌회전 후 직진 / 긴테츠나라 역(近鉄奈良駅)이나 JR 나라 역(JR奈良駅) 앞에서 노란색 순환버스 2번 탑승 후 N-7 다이부츠덴·가스가타이샤마에(大仏殿·春日大社前) 정류장 하차, 북쪽으로 도보 5분.
입장료: 다이부츠덴·홋케도 중학생 이상 600엔, 초등학생 300엔
시간: 다이부츠덴·홋케도 11~3월 8:00-17:00, 4-10월 7:30-17:00
전화: 0742-22-5511
주소: 奈良市雑司町406-1
홈페이지: www.todaiji.or.jp

고후쿠지 연못 위에 비치는 나라의 상징

1998년 도다이지와 함께 유네스코 세계문화유산에 등재된 고후쿠지는 국보 26건과 중요문화재 44건을 보유하고 있음은 물론 경내가 국가 사적지로 지정되어 있을 정도로 역사적 가치가 높다. 나라의 상징으로 꼽히는 고후쿠지의 5층탑은 730년에 지어진 높이 약 50m의 목탑이다. 고후쿠지 여러 국보 중 하나로 특히 사루사와이케(猿沢池)에 위로 비치는 모습이 아름다운 것으로도 유명하다.

2018년 복원 공사를 마친 츄콘도(中金堂)와 도콘도(東金堂), 고쿠호칸(国宝館), 호쿠엔도(北円堂) 등 볼거리가 많지만, 담장과 입구가 따로 없어서 그냥 지나쳐버리는 사람들도 부지기수이다. 고후쿠지의 매력을 제대로 느끼려면 사루사와이케를 한 바퀴 돌고, 3층탑과 난엔도(南円堂)를 둘러본 뒤 호쿠엔도와 츄콘도를 지나 도콘도와 5층탑을 감상하는 루트를 추천한다.

1 고후쿠지의 5층탑

후지와라 일족의 시조인 후지와라노 가마타리(藤原鎌足)의 부인, 가가미노 오키미(鏡大王)가 남편의 쾌유를 기원하며 669년 교토 시에 세운 야마시나데라(山階寺)가 고후쿠지의 기원이다. 710년에 현재의 위치로 옮겨졌고 몇 세기 동안 권력을 쥔 후지와라 일족의 비호 아래 번영을 누렸다. 최전성기에는 부속 건물이 100여 채에 달했다고 한다.

하지만 1717년 화재로 건물들이 소실된 후 사이콘도(西金堂)를 비롯한 일부 건물들은 재건되지 못했다. 게다가 1868년 신불분리령에 의해 사찰 재산이 몰수되고 승려들은 신사의 신관으로 배치되고 만다. 1897년 사찰 보호법이 공포된 후에야 조금씩 옛 모습을 회복하기 시작한 고후쿠지는 2000년대에 들어 본격적으로 부흥의 노력을 하고 있다. 특히 노후화로 해체했던 츄콘도는 최근 복원을 마치고 일반에 공개되었으며. 난다이몬(南大門)도 재건 계획이 검토 중이다. 2018년 1월 고쿠호칸까지 리뉴얼을 마쳤으므로, 고후쿠지가 옛 모습을 되찾는 날도 그리 머지 않은 듯하다.

2 고후쿠지 경내의 지장보살상
3 고후쿠지 경내의 난엔도 내부에는 불공견색관음상, 법상육조좌상 등 국보급 불상이 여럿 안치되어 있으며 1년에 한 번(10월 17일)만 공개된다.
4·5 사루사와이케 연못 주위 풍경

whenever INFO

교통: 긴테츠나라 역(近鉄奈良駅) 2번 출구로 나와 직진 10분 / JR나라 역(JR奈良駅) 동쪽 출구로 나와 직진 20분
입장료: [고쿠호칸] 성인/중고생/초등생 700/600/300엔, [도콘도] 300/200/100엔, [통합권] 900/700/350엔
시간: 9:00-17:00
전화: 0742-22-7755
주소: 奈良県奈良市登大路町48
홈페이지: www.kohfukuji.com

나라 국립박물관 일본 불교 미술의 정수

奈良国立博物館, 나라코쿠리츠하쿠부츠칸

나라 국립박물관은 1895년 일본에서 두 번째로 개관한 박물관으로 도쿄와 교토, 규슈와 함께 4대 국립박물관으로 꼽힌다. 전시물들을 살펴보면 불교 예술품과 문화재들이 주를 이루는데, 나라가 일본의 수도였던 당시 불교 문화가 절정을 맞으면서 탄생하게 된 것이다.

전시 공간은 구관과 신관으로 나뉜다. 구관은 아스카시대부터 가마쿠라시대까지의 불상이 전시되어 있어 '나라 불상 전시관'으로도 불린다. 구관과 연결된 '사카모토 컬렉션'에서는 유명 미술상인 사카모토 고로가 평생에 걸쳐 수집한 중국 청동기를 전시한다. 일본 최초의 서양식 건축가이자 궁정 건축가인 가타야마 도쿠마가 설계한 구관 건물 자체도 중요문화재로 지정되어 있을 만큼 가치가 남다르다.

1972년에 완공된 신관은 도다이지의 쇼소인(正倉院)의 형상을 따서 디자인되었다. 전국 공공 건축 100선에 선정되기도 한 이곳에서는 매년 가을 쇼소인의 소장품을 전시하는 특별전이 열린다. 궁내청에서 관리하는 귀한 보물들인 만큼 한 번 전시되면 10년 정도는 다시 보기 어렵다고 한다.

whenever TIP

1. 구관과 신관을 연결하는 지하 회랑에 위치한 학습 코너와 기념품점, 레스토랑이 있다.
2. 절분(2월 3일), 어린이날(5월 5일), 국제 박물관의 날(5월 18일) 등에는 무료입장이 가능하다. 매월 22일 부부의 날에는 부부 동반 입장 시 입장료를 50% 할인해준다.

whenever INFO

입장료: 성인 520엔, 대학생 260엔, 고교생 이하 무료(특별전 별도)
교통: 긴테츠나라 역(近鉄奈良駅) 2번 출구로 나와 직진 15분 / 긴테츠나라 역이나 JR나라 역(JR奈良駅) 앞에서 노란색 순환버스 2번 탑승 후 N-6 히무로진자·고쿠리츠하쿠부츠칸(氷室神社·国立博物館) 정류장 하차
시간: 9:30-17:00 *특별전 및 계절에 따라 변동 가능
전화: 050-5542-8600
주소: 奈良市登大路町50
홈페이지: www.narahaku.go.jp

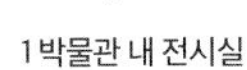

1 박물관 내 전시실

나라공원과 이어져 사슴도 만날 수 있는 나라 국립박물관

おん祭と
春日信仰の美術

호류지 & 이마이초

Horyuji & Imaicho

호류지 가는 방법

JR오사카 역 → JR호류지 역
JR야마토지 쾌속선 (39분, 640엔)

JR나라 역 → JR호류지 역
JR야마토지 쾌속선 (11분, 220엔)

JR오사카 역 → JR호류지 역 → 호류지마에 정류장
JR야마토지 쾌속선 (38분, 640엔) / 72번 버스 (5분, 190엔)

- JR호류지 역에서 호류지까지는 도보 20분 또는 72번 버스(5분, 190엔) 탑승 후 호류지마에 정류장에서 하차

이마이초 가는 방법

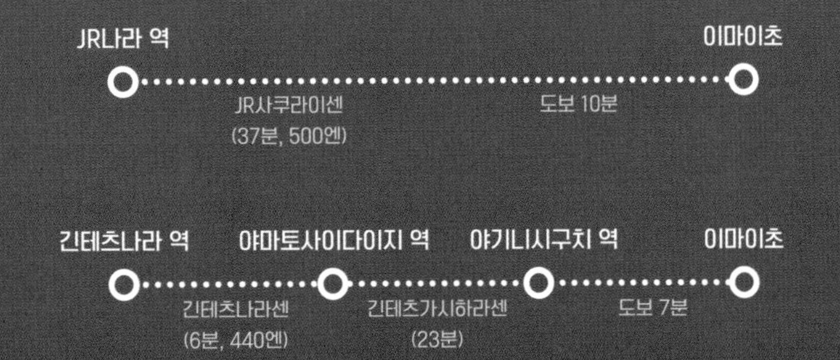

호류지 1400년 동안 간직한 보물이 고요히 숨 쉬는 곳

호류지는 현존하는 건축물 중 세계에서 가장 오래된 목조 건축물로, 1993년 히메지 성과 함께 일본 최초로 유네스코 세계문화유산에 지정되었다. 일본 고대 아스카시대의 불상과 불교 공예품을 다수 보유하고 있으며 분위기가 언제나 평화롭고 조용해 차분히 산책을 즐기기 좋다.

〈일본서기〉에 의하면 605년 쇼토쿠태자와 요메이텐노의 황자가 현재 호류지의 동원가람(東院伽藍) 위치에 이카루가 궁을 지어 이주했다고 전해진다. 요메이텐노는 자신의 병이 낫기를 기원하며 이카루가 궁이 접하는 위치에 사원과 불상을 건설하고자 했으나 실현되기 전에 사망했고, 그의 바람을 이어 607년 약사여래를 본존으로 한 호류지가 완공된 것으로 전해진다.

1 서원가람 내부의 금당과 5층탑

whenever INFO

입장료: 성인 1,500엔, 초등학생 이하 750엔
교통: JR호류지 역(法隆寺駅) 북출구에서 도보 20분
시간: 2/22-11/3 08:00-17:00, 11/4-2/21 08:00-16:30
전화: 0745-75-2555
주소: 奈良県生駒郡斑鳩町法隆寺山内1-1
홈페이지: www.horyuji.or.jp

670년 화재로 전소되었다는 기록이 남아 있으며, 재건에 관해서는 학자들 사이에서 많은 논란이 있다. 오늘날 학계에서는 남은 문화재를 다양한 방식으로 분석하고 있으며, 현재 대부분은 7세기 후반 재건된 것으로 추정하고 있다. 한편 이카루가 궁은 643년 전쟁으로 소실되었으며 738년 쇼토쿠태자를 추모하며 지금의 동원가람을 지었다고 한다. 따라서 사찰은 크게 5층탑과 본존이 모셔진 금당을 중심으로 하는 서원가람과 팔각의 원당 유메도노(夢殿)를 중심으로 한 동원가람으로 나눠진다. 그 사이에는 7세기부터 간직해온 국보와 중요문화재들의 전시 공간인 다이호조인(大宝蔵院)이 자리한다.

2 서원가람 내부의 다이코도(大講堂)
3 동원가람 내부의 유메도노

이마이초

에도시대의 강변 마을을 여유롭게 돌아보자

오사카 주택박물관에서 에도시대의 마을을 경험했다면, 이번에는 에도시대의 거리를 만나볼 시간이다. 나라 현 가시하라 시에 위치한 이마이초에는 약 500여 채의 전통 건축물이 남아 있다. 일본 전통 건물 보존지구 중에서도 가장 큰 규모를 자랑한다. 일본 거리에서 흔히 볼 수 있는 자판기도 한군데에 모여 있고, 카페나 식당도 최대한 거리와 어울리게 색을 맞추어 분위기가 깔끔하고 고풍스럽다.

에도시대의 상층민이 살던 주택과 전통 양조장, 목재상 건물들이 눈에 띄는데, 그중에서 이마니시(今西)가의 주택은 일본에서 가장 오래된 민가로 알려져 있다. 마을 곳곳의 옛 건물을 따라 좁은 골목을 걸어보자. 간사이의 다른 관광지와 조금 떨어져 있어 관광객이 적은 편이니 인증샷도 편하게 남길 수 있다. 다만 실제 사람들이 살고 있는 만큼 촬영 매너는 꼭 지키자.

1 관광안내소 역할을 하고 있는 하나이라카
2 하나이라카 내부의 이마이초 복원 모형
3 에도시대 초기에 이주하여 지금까지 양조장으로 운영하고 있는 카와이(河合)가의 주택. 1층 견학은 100엔, 2층까지는 300엔(예약 필수)
4 농가풍 민가 양식의 구 코메타니(旧米谷)가의 주택(무료)

마을의 구조는 중세에 존재하던 지나이초, 지나이마치(寺内町)의 취락 형태를 띠고 있다. 불교 사원을 중심으로 신자나 상공업자들이 모여 마을을 형성했던 구조로, 해자나 토담으로 둘러싸여 마치 요새와 같은 모습을 하고 있다. 에도시대에도 자치를 인정받는 등 독립적으로 번성했던 것으로 알려져 있다.

whenever TIP

1. 도착하면 관광안내소 역할을 하는 '이마이마치나미 교류센터 하나이라카(今井まちなみ交流センター華甍)'부터 방문하여 정보를 얻자. 교류센터에 이마이초의 전체 모형도 전시되어 있고 건물 자체도 메이지시대에 지어진 문화재라 놓치기 아쉽다.
2. 거리의 유명 주택 또는 건물들은 100-400엔의 입장료가 있거나 사전 예약을 해야만 입장할 수 있다.

whenever INFO

*이마이마치나미 교류센터 하나이라카 기준

교통: 긴테츠야기니시구치 역(八木西口駅) 2번 출구 도보 7분 / JR사쿠라이센(桜井線) 우네비 역(畝傍駅) 도보 10분 / 긴테츠야마토야기 역(大和八木駅) 도보 13분

전화: 0744-24-8719

주소: 奈良県橿原市今井町2-3-5

홈페이지: www.city.kashihara.nara.jp/kankou/own_imai/kankou/spot/imai_hanairaka.html

4

Nara Food & Shopping

나라는 바다와 맞닿는 곳이 전혀 없는 지리적 특성상
생선 요리보다 육지에서 나는 재료로 만든 요리가 발달했다.
바다와 멀기 때문에 예부터 생선의 부패를 막기 위해 소금에 절인 감잎으로 생선살을 감싼
초밥을 만들어 먹었는데, 이것이 나라의 대표 음식으로 꼽히는 가키노하즈시이다.

가키노하즈시 柿の葉寿司

이자사

ゐざさ

감잎 초밥 최초의 이름을 이어나가다

감잎 초밥 가키노하즈시의 첫 이름은 '이자사' 스시였다. 나라의 요시노 지역에서 감잎 초밥을 개발한 후 멧돼지 모습의 지역 신인 이자사를 이름으로 붙인 것이다. 이처럼 가키노하즈시의 전통과 맛을 전하고 있는 이 음식점에서는 시대의 변천에 따라 다양한 정식 메뉴나 요리도 선보이고 있다. 가키노하즈시를 맛볼 때에는 간장에 찍지 않는 것이 포인트라는 것을 꼭 기억하자.

추천 : 유메고젠(夢御膳) 2,100엔 / **교통** : 긴테츠나라 역에서 도보 15분 / JR나라 역에서 도보 25분 / **시간** : 1층 매장 9:30-18:00, 2층 식당 11:00-18:00(주문 마감 17:00) / **전화** : 0742-94-7133 / **주소** : 奈良県奈良市春日野町16 東大寺門前 夢風ひろば内 / **홈페이지** : izasa.co.jp / **지도** : 288쪽

가키노하즈시 히라소우 나라점

柿の葉ずし 平宗 奈良店

일본 왕실에 헌상하던 초밥

교토 고쇼에 은어 초밥을 헌상해온 곳으로 1861년에 문을 열었다. 1951년 쇼와 덴노가 요시노에 있는 본점을 방문하면서 크게 유명해졌다. 명물은 쇼와 덴노가 즐겨 먹었다는 은어 초밥이지만 가키노하즈시도 그에 못지않게 훌륭하다. 메뉴 가운데 구운 은어 초밥은 연중 내내 맛볼 수 있으며, 굽지 않은 생 연어 초밥의 경우 여름 한정으로만 판매한다.

추천 : 마호로바(まほろば) 2,300엔 / **교통** : 긴테츠나라 역에서 도보 9분, JR나라 역에서 도보 15분 / **시간** : 11:00-20:30 / **전화** : 0742-22-0866 / **주소** : 奈良県奈良市今御門町30-1 / **홈페이지** : kakinoha.co.jp / **지도** : 288쪽

야마토 야사이 大和野菜

준사이 히요리

旬彩ひより

깔끔한 나라 채소의 맛

호텔 주방 30년 경력의 조리사가 오픈한 나라 채소 요리 전문점이다. 농장에서 직접 재배한 채소를 사용하기 때문에 더욱 믿음직하다. 기본 채소 요리인 야사이비 요리와 여러 파생 메뉴로 구성되어 있는데 쇠고기나 생선 요리를 추가하는 형식이다. 가이세키 요리도 맛볼 수 있지만 미리 전화로 예약해야 한다. 카운터석과 테이블석이 마련되어 있는데, 메뉴 대부분 여러 가지 요리가 함께 나오는 정식이므로 넓은 테이블 자리가 편하다. 높은 금액대가 부담스럽다면 3,000엔 이하로 요리를 맛볼 수 있는 점심을 노려보자.

추천 : 야사이비요리(野菜びより) 1,650엔, 히라타(ひなた) 2,200엔 / **교통** : JR나라 역에서 도보 17분, 긴테츠나라 역에서 도보 14분 / **시간** : 수-일 11:30-14:30·17:00-22:00=(화 휴무) / **전화** : 0742-24-1470 / **주소** : 奈良県奈良市中新屋町26 / **홈페이지** : naramachi-hiyori.jp / **지도** : 288쪽

아와 나라마치점

粟 ならまち店

옛 민가에서 즐기는 채소 요리

나라의 맛있는 식재료를 널리 알리기 위해 문을 연 채소 정식 전문점으로, 140년 된 민가를 개조해 고즈넉한 분위기에서 요리를 즐길 수 있다. 메뉴는 채소 요리가 주를 이루는 아와 수확제 고젠을 기본으로, 쇠고기를 추가하거나 채소 나베를 추가하는 형식으로 구성되어 있다. 저녁에는 채소+쇠고기, 채소+채소 나베 메뉴와 닭고기 요리가 추가된 메뉴를 선보인다. 예약제로 운영되며 전화 예약만 가능하다. 입실 마감 시간도 있는 만큼 시간을 엄수하자.

추천 : 아와 야마토규토야사이 코스(粟 大和牛と野菜 コース) 3,900엔+세금 / **교통** : JR나라 역에서 도보 16분, 긴테츠나라 역에서 도보 13분 / **시간** : 수-일 11:30-15:00(입실 주문 마감 13:30) 17:30-22:00(입실 마감 20:00, 주문 마감 21:00, 화 휴무) / **전화** : 0742-24-5699 (예약 가능 시간 10:00-21:00) / **주소** : 奈良県奈良市勝南院町1 / **지도** : 288쪽

쿠즈 요리 葛料理

쿠즈야 나카이 후도

葛屋 中井春風堂

눈과 입 모두 즐기는 쿠즈기리

요시노 산을 둘러보고 나라 역 쪽으로 내려오다보면 킨푸센지 근처에 사람들이 몰려 있는 것을 볼 수 있는데, 바로 이 가게의 대기줄이다. 안으로 들어가면 하얀 칡 녹말 덩어리가 뜨거운 물에 녹아서 투명한 쿠즈기리로 되어가는 모습을 직접 볼 수 있는데 이에 대한 설명도 들을 수 있어 더욱 좋다. 인테리어가 깔끔하고 휴대폰을 충전할 수 있는 콘센트가 좌석마다 마련돼 있어 편리하다. 쿠즈모찌도 맛볼 수 있다.

텐교쿠도 나라본점

天極堂奈良本店

요시노의 명물 혼쿠즈 전문점

나라공원 근처에서도 칡 전분으로 만든 다양한 쿠즈 요리를 맛볼 수 있다. 텐교쿠도는 계절 요리와 함께 요시노 쿠즈로 만든 음식을 즐길 수 있는 코스 메뉴를 선보이는 곳이다. 식사 메뉴가 전반적으로 맛이 좋으며, 디저트가 별미로 꼽힌다. 쿠즈기리, 쿠즈모찌는 물론 과일을 혼합해서 만든 푸딩도 식감이 특이하고 맛있다. 코스 메뉴에는 디저트가 포함되어 있으며, 단품 주문 시에는 별도로 쿠즈 디저트를 주문해야 한다.

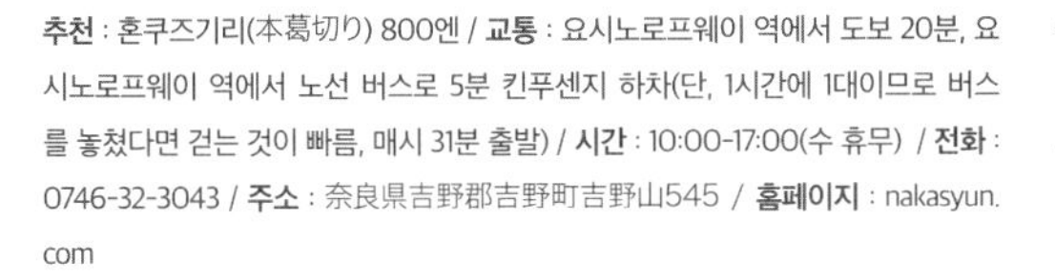

추천 : 혼쿠즈기리(本葛切り) 800엔 / **교통** : 요시노로프웨이 역에서 도보 20분, 요시노로프웨이 역에서 노선 버스로 5분 킨푸센지 하차(단, 1시간에 1대이므로 버스를 놓쳤다면 걷는 것이 빠름, 매시 31분 출발) / **시간** : 10:00-17:00(수 휴무) / **전화** : 0746-32-3043 / **주소** : 奈良県吉野郡吉野町吉野山545 / **홈페이지** : nakasyun.com

추천 : 쿠즈즈쿠시 코스(葛づくしコース) 3,402엔, 쿠즈 디저트 세트(Kudzuデザートセット) 432엔 / **교통** : 긴테츠나라 역에서 도보 11분 / JR나라 역에서 도보 24분 / **시간** : 10:00-19:30(화 휴무) / **전화** : 0742-27-5011 / **주소** : 奈良県奈良市押上町1-6 / **지도** : 288쪽

멘야 노로마

麺屋NOROMA

반전 매력의 츠케멘

타베로그 선정 라멘 부문 전국 20위 안에 드는 맛집이다. 닭육수 라멘 전문점이지만 대표 메뉴는 특이하게도 츠케멘이다. 겉만 보면 평범하기 그지없지만 면을 스프에 찍어 입에 가져가는 순간 깜짝 놀랄 정도로 극강의 맛을 경험할 수 있다. 쫄깃한 면발과 새콤달콤 감칠맛 넘치는 스프가 환상의 조화를 이루는데, 라멘에 무슨 짓을 한 걸까 궁금할 정도이다.

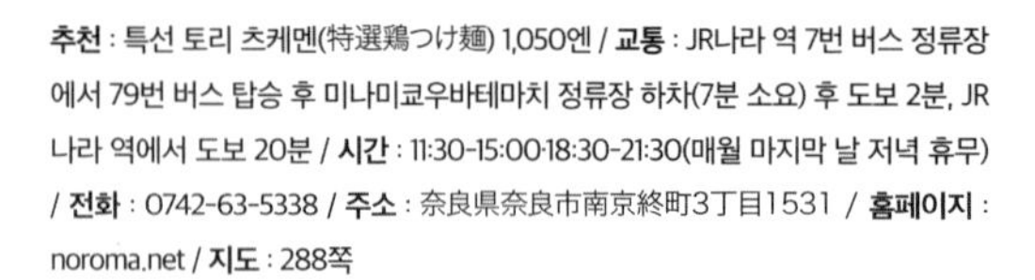

추천 : 특선 토리 츠케멘(特選鶏つけ麺) 1,050엔 / **교통** : JR나라 역 7번 버스 정류장에서 79번 버스 탑승 후 미나미쿄우바테마치 정류장 하차(7분 소요) 후 도보 2분, JR나라 역에서 도보 20분 / **시간** : 11:30-15:00·18:30-21:30(매월 마지막 날 저녁 휴무) / **전화** : 0742-63-5338 / **주소** : 奈良県奈良市南京終町3丁目1531 / **홈페이지** : noroma.net / **지도** : 288쪽

라멘야 미츠바

ラーメン家 みつ葉

나라 라멘의 자존심

오랜 기간 나라 라멘집의 위상을 지켜온 곳으로, 타베로그 선정 라면 맛집 전국 20위 내, 나라 라멘 맛집 랭킹 1, 2위를 오가는 맛집이다. 라멘 국물로는 돈코츠와 닭육수를 절묘하게 배합한 더블 스프를 사용하는데, 맛이 깊고 부드러워 술술 잘 넘어간다. 저온 숙성한 차슈와 쫄깃한 면까지 어느 하나 모자란 것이 없다. 점심에만 3시간 문을 여는데 스프나 면이 떨어지면 바로 영업을 종료하므로 방문을 원한다면 서두르는 것이 좋다.

추천 : 부타치키 쇼유 차슈멘(豚chikiしょうゆチャシューメン) 1,000엔 / **교통** : JR도미오 역에서 도보 5분 / **시간** : 월-토 10:30-14:00(매주 일 휴무, 재료 소진 시 영업 종료) / **주소** : 奈良県奈良市富雄元町3丁目3 1 15 3 3丁目 / **홈페이지** : ramen-ya-mitsuba.com / **지도** : 288쪽

빙수·카페 氷水·カフェ

호우세키바코

ほうせき箱

보석같이 빛나는 빙수 한 그릇

유메 큐브라는 벤처 공방 단지 인근에 자리한 빙수 전문 카페다. 빙수 8종류와 커피, 녹차와 같은 따뜻한 음료 4종류가 전부인 이 카페가 특별한 이유는 바로 에스푸마를 접목시킨 빙수를 맛볼 수 있기 때문이다. 곱게 간 얼음 위에 풍성한 거품을 올려내는데, 양도 푸짐하고 크림과 얼음의 부드러운 조화 역시 일품이다. 빙수에 대한 고정관념을 깨주는 재미난 곳이다.

추천 : 코하쿠파루미루쿠(琥珀パールミルク) 750엔 / **교통** : 긴테츠나라 역에서 도보 7분, JR 나라 역에서 도보 14분 / **시간** : 10:00-20:00(목 휴무) / **전화** : 0742-93-4260 / **주소** : 奈良県奈良市 餅飯殿町47 / **지도** : 288쪽

오차노코

おちゃのこ

다양한 전통 차와 빙수

여러 종류의 차를 선보이는 카페이다. 일반적인 녹차나 홍차 이외에 오리지널 블렌딩 차와 디저트도 선보이는데 생강을 넣은 홍차, 금귤을 넣은 홍차, 오차노모리에서 직접 만든 레이차, 녹두레이차젠자이, 레이차 빙수, 쿠즈모찌까지 메뉴가 아주 다양하다. 블렌딩한 찻잎도 판매하므로 차를 맛본 후 마음에 드는 찻잎을 구입할 수 있다. 테이블석과 카운터석이 모두 마련돼 있어 여럿이 방문하기에도 부담 없다.

추천 : 이치고미루쿠고오리(いちごミルク氷) 514엔, 레이차(擂茶) 514엔 / **교통** : 긴테츠나라 역에서 도보 2분, JR나라 역에서 도보 12분 / **시간** : 10:00-20:00(1-2, 5-8, 11월 셋째 수 및 1일 휴무) / **전화** : 0742-24-2580 / **주소** : 奈良県奈良市小西町35-2, コトモール / **지도** : 288쪽

기념품 記念品

산라쿠도 혼텐
三楽洞 本店

나라 관련 기념품은 이곳

나라의 여러 기념품점 가운데 비교적 깔끔하고 편안하게 쇼핑하기 좋은 곳이다. 고후쿠지 입구 근처에 있어 고후쿠지나 나라공원에 갈 때 함께 들르기 좋다. 겉에서 보기에는 그리 커 보이지 않지만 막상 들어가보면 매장이 뒤쪽으로 길게 배치되어 있다. 인형, 학용품, 컵, 액세서리, 지갑, 우산 등 다양한 사슴 관련 기념품을 구입할 수 있다.

교통 : 긴테츠나라 역에서 도보 5분, JR나라 역에서 도보 13분 / **시간** : 9:30-21:00 / **전화** : 0742-22-2075 / **주소** : 奈良県奈良市樽井町7 / **홈페이지** : www.sanrakudo.co.jp / **지도** : 288쪽

나라마치코보
ならまち工房

옛 거리에 새로 생긴 개성 만점 상점가

최근 나라에서는 관광 명소 개발을 위해 옛 건물들이 남아 있는 나라마치 거리를 적극 개발하는 중이다. 그 일환으로 젊은 창작자나 소규모 공방을 운영하는 이들을 유치하여 상점가를 만들었는데, 바로 나라마치코보이다. 옛 민가를 개조하거나 새롭게 지은 건물을 연결해 카페, 레스토랑, 공방 등이 있는 복합시설로 개발했다. 일본 특유의 느낌이 물씬 나는 수공예품은 물론, 유럽풍, 제3세계풍의 독특한 제품들도 많이 볼 수 있다. 특이한 아이템을 찾고 있다면 이곳을 놓치지 말자.

교통 : 긴테츠나라 역에서 도보 15분, JR나라 역에서 도보 21분 / **시간** : 10:00-18:00 (가게마다 다름) / **주소** : 奈良県奈良市公納堂町11 / **홈페이지** : narakoubou.chot-tu.net / **지도** : 288쪽

NARA FOOD ITEM
나라 선물용 간식

마호로바 다이부츠 푸딩

まほろば大仏プリン本舗

나라의 상징인 대불과 사슴이 그려진 푸딩 용기에 최고급 생크림을 사용한 푸딩이 들어가 있다. 부드러운 식감이 일품이다.
커스터드 맛 1개 380엔

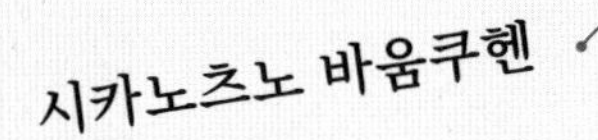

시카노츠노 바움쿠헨

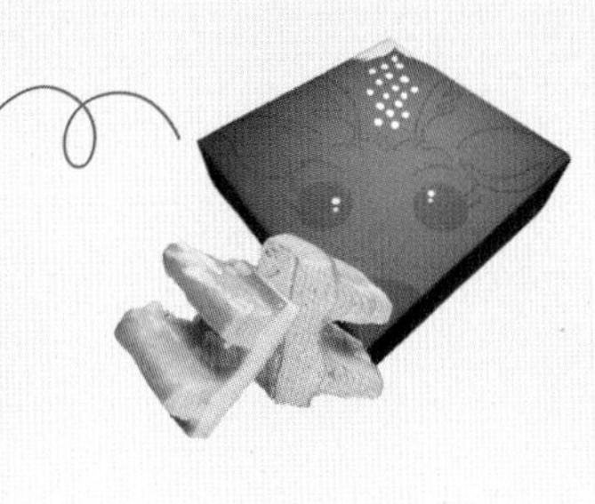

鹿の角バウムクーヘン

나라공원의 상징 사슴의 뿔을 형상화한 바움쿠헨으로, 신선한 달걀과 천연 꿀을 사용해 풍미가 좋다. 패키지에 사슴 일러스트가 그려져 있어 선물용 아이템으로도 인기가 높다.
로쿠야(鹿野), 1,300엔

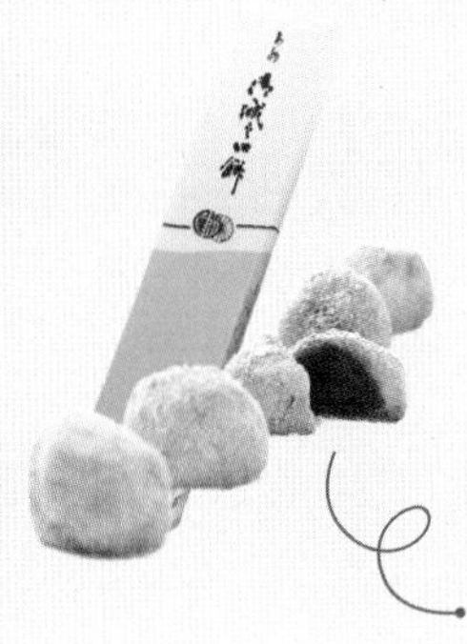

오시로노쿠치모치

御城之口餅

창업한 지 400년이 넘은 나라 현 최고(最古) 화과자점에서 선보이는 찹쌀떡. 도요토미 히데요시에게 헌상된 것으로도 유명하다.
혼케키쿠노야(本家菊屋), 6개입 700엔

시카마로군 굿즈

しかまろくん

나라 시 관광협회의 마스코트인 시카마로군을 테마로 만든 상품. 나라공원의 사슴을 모티브로 한 귀엽고 익살스러운 표정의 인형이 인기다.
인형 1,080엔, 열쇠고리 324엔

사키사브레

鹿サブレ

사슴 모양 쿠키. 바삭바삭하고 부드러운 식감이 동시에 느껴진다.
15개 1,080엔

From Kansai Airport to Osaka
간사이 공항에서 시내 가는 법

간사이 공항에서 목적지까지
이동하는 방법은 다양하다.
오사카 시내까지 택시는
대략 15,000-20,000엔 정도다.
대중교통은 크게 리무진 버스와
열차(난카이 전철, JR)가 있다.
여행 패스가 있다면
이용 범위를 잘 살펴보고
탈 것을 결정하자.

난카이 전철JR 매표소

간사이 공항 역 난카이 전철

난카이 전철 南海電鉄

여행자들이 공항에서 오사카 시내 이동 시 가장 많이 이용하는 방법이다. 목적지가 텐가차야나 난바(종점) 방면이라면 가장 저렴한 난카이 전철 공항급행(空港急行, 45분 소요)을 이용하면 된다. 간사이 스루패스나 오사카 주유패스 난카이판이 있다면 무료로 이용할 수 있다. 단 일반 지하철 좌석이라 짐을 보관할 곳이 따로 없고 정차역이 많다. 공항급행은 티켓 발매기에서 구매하면 되며, 탑승하기 전 전광판에서 열차 종류를 반드시 확인하자.

요금 : 난카이 전철 공항급행 920엔 / **제1터미널에서 이용하기** : 국제선 도착 로비 1층에서 에스컬레이터를 타고 2층으로 이동, 철도역(Railways) 안내판을 따라 직진하면 빨간색의 난카이 매표소가 나온다. / **제2터미널에서 이용하기** : 국제선 도착 로비 1층 터미널에서 밖으로 나가 왼쪽편에서 무료 셔틀 탑승 후 제1터미널 에어로 프라자에서 하차, 철도역 안내판을 따라 이동하면 빨간색의 난카이 매표소가 나온다.

특급 라피트 외관

특급 라피트 내부

· 특급 라피트 特急ラピート

공항급행에 비해 요금은 비싸지만 좌석이 편하고 정차역이 적으며(34분 소요) 짐을 보관하는 공간도 있다. 요금은 1,430엔이지만 라피트 정차역 서비스 센터에서 '칸쿠토쿠와리라피트킷푸'를 구입하면 1,270엔에 이용할 수 있다.

요금 : 특급 라피트 레귤러 시트 1,430엔, 슈퍼시트 1,640엔

· 칸쿠토쿠와리 라피트 킷푸 関空トク割ラピートきっぷ

간사이 공항에서 난바 역 구간을 이동하는 난카이 라피트 열차 할인 승차권으로 간사이 공항역-난카이난바·신이마미야·스미요시타이샤·덴가차야 역 구간에서 양방향으로 이용할 수 있다. 구입 당일 편도 1회만 사용 가능하다.

요금 : 특급 라피트 레귤러 시트 1,270엔, 슈퍼시트 1,480엔 / **판매처** : 간사이 공항 역 난카이 매표소, 난카이난바·신이마미야·스미요시타이샤·덴가차야 역

간사이 공항 역 JR

하루카 외관

JR

목적지가 우메다나 텐노지 쪽이라면 JR간사이 공항 쾌속(関空快速)을 이용하자. 난카이 전철에 비해 요금도 비싸고 소요시간도 길지만 오사카 시내의 순환선인 JR칸조센과 연결되기 때문에 우메다, 교바시, 츠루하시 등으로 쉽게 이동할 수 있다. 공항에서 나라로 바로 이동할 경우 난카이 전철보다 JR을 이용하는 것이 좋다. JR 간사이 미니패스나 JR 웨스트 레일 패스 소지 시 무료로 이용할 수 있으며 귀국 시 공항으로 갈 때는 앞쪽인 1-4호 차량에 타야 하니 기억해두자.

요금 : JR 공항 쾌속 텐노지 역 1,060엔, 벤텐초·오사카 역 1,190엔 / **제1터미널에서 이용하기** : 입국장을 나와 철도역 표시를 따라 2층으로 이동, 공항 밖으로 나와 육교를 건너면 파란색의 JR 매표소가 나온다. / **홈페이지** : www.westjr.co.jp

간사이 공항 역 난카이 전철

· 하루카 はるか
목적지가 신오사카 역(51분 소요)나 텐노지 쪽(35분 소요)이라면 기차 좌석 형태인 '하루카'를 이용하는 것도 좋다. 공항에서 나라로 바로 이동 시 하루카를 이용해 텐노지로 이동, 나라 행으로 환승하면 된다. 공항에서 오사카·교토·고베·나라까지 이동하는 하루카 열차 할인 티켓과 간사이 지역 JR과 지하철, 버스 등을 이용할 수 있는 이코카&하루카를 이용하는 것도 좋다.

요금(자유석) : 텐노지 역 1,710엔, 신오사카 역 2,330엔, 나라 역 2,360엔

· 이코카&하루카 ICOCA &HARUKA
간사이 공항에서 JR 텐노지 역(35분 소요)나 신오사 역(50분 소요)까지 이동하는 할인 티켓과 오사카메트로, 버스, 쇼핑몰에서 사용할 수 있는 이코카 카드를 결합한 상품이다. IC 카드로 충전이 가능, 홈페이지에서 공항 수령으로 2일 전까지 예약 구매가 가능하다. 자유석은 무료, 지정석은 추가 비용이 발생하며 JR 웨스트 레일 패스 소지 시 자유석을 무료로 탑승할 수 있다.

요금 : 이코카&하루카 카드 공항-텐노지 역 편도 1,100엔(왕복 2,200엔), 공항-신오사카 역 1,300엔(2,600엔) / **판매처** : JR 오사카·신오사카·텐노지·난바 역 / **홈페이지** : www.westjr.co.jp

공항 발 리무진 버스

리무진 버스 リムジンボス

열차에 비해 요금이 비싼 편이지만 난바, 우메다, 신사이바시, 덴포잔 등 오사카 주요 지역과 호텔까지 바로 이동하고 수하물도 직원이 실어주기 때문에 편리하다. 승차장별로 목적지가 다르기 때문에 탑승 전 목적지에 맞는 승차장 번호를 확인해야 한다. 6세 미만 유아는 성인 1명당 1명이 무료, 수하물은 1명당 2개까지 가능하다. 왕복 티켓은 첫 승차일로부터 14일간 유효하다.

요금 : 난바(OCAT) 편도 1,050엔(왕복 1,850엔), 오사카 역 1,550엔(2,760엔), 텐노지 1,550엔(2,700엔), 덴포잔 1,550엔(2,700엔), 나라 2,050엔(3,900엔) / **승차장** : 제1·2터미널 1층 리무진 버스 승차장 / **홈페이지** : www.kate.co.kp

긴테츠 전철 近鐵電鉄

공항에서 나라로 바로 이동할 경우 리무진 버스 또는 오사카 시내에 도착해 긴테츠 열차로 환승하는 방법이 있다. 오사카 시내 긴테츠 역인 오사카난바·닛폰바시·우에혼마치 역에서 긴테츠나라(近鉄奈良) 역까지의 요금은 560엔이다. 꼭 JR을 타야 한다면 간사이 공항에서 텐노지 역으로 간 뒤 JR야마토지센(大和路線)으로 환승한 후 JR나라 역으로 가자. 요금은 470엔이다.

Public Transportation

오사카·나라 대중교통

일본 대중교통의
가장 큰 단점이라고 한다면
바로 요금이다.
단일 요금으로도 비싸고
환승 할인도 거의 없어
우리나라보다 무척 비싸다.
대신 활용해볼 만한 정기권이나
패스의 종류가 많다.
시내 이동이 많은 여행자라면
오사카 1일 승차권, 명소 방문이 많다면 오사카 주유패스가 좋다.
오사카를 비롯해 근교의 교토·고베·나라를
여행한다면 간사이 스루패스를 추천한다.

오사카메트로 외관

오사카메트로 내부

오사카메트로 Osaka Metro

2018년 4월 1일부터 오사카 시영 지하철이 민영화되면서 '오사카메트로'로 명칭이 바뀌었다. 8개 노선과 뉴트램 1개 노선을 운영하며 오사카 시내 곳곳을 연결해 여행자들이 가장 많이 이용한다. 사철과 달리 환승이 가능하며 중간 1칸은 항시 '여성전용(女性專用)'칸으로 이용된다.

시간 : 첫차 오전 5시대, 막차 자정대 **/ 요금** : 성인 기준 1구역(3km 미만) 180엔, 5구역(19km 이상) 370엔 / **여행자 패스** : 간사이 스루패스, 오사카 주유패스, 오사카 1-2일 승차권, KYOTO-OSAKA SIGHTSEEING PASS(오사카 지하철 버전) 등

· 오사카메트로 주요 노선

미도스지센 : 시내 중심부를 세로 방향으로 관통하는 노선으로 우메다와 신사이바시, 난바를 바로 연결한다.

츄오센 : 시내 중심부를 가로 방향으로 관통하는 노선으로 베이 에어리어 지역과 오사카 성을 연결한다.

오사카메트로 여성전용칸

다니마치센 : 타 노선과 환승하기 가장 좋은 노선으로 헵파이브, 주택박물관, 오사카 성, 아베노하루카스 등 주요 명소를 지난다.

요츠바시센 : 미도스지센처럼 가로 방향의 노선으로 니시우메다에서 난바로 이동할 때 주로 이용한다.

센니치마에센 : 가로 방향 노선으로 미나미의 주요 지역과 츠루하시 시장을 연결한다.

뉴트램 난코 포트타운센 : 경전철로 베이 에어리어 지역과 인공 섬 사키시마 일대를 운항한다. 오사카메트로와 환승이 가능하다.

오사카메트로 승차권 발매기

・오사카메트로 승차권 판매기 사용법

① 승차권 판매기 상단의 노선도를 보고 목적지까지의 요금을 확인한다.

② 10·50·100·500엔 동전 또는 1,000·2,000·5,000·10,000엔 지폐를 투입한다.

③ 목적지까지의 요금과 일치하는 금액 버튼을 누른다.

④ 승차권과 잔돈을 챙긴다.

교통카드 전용 개찰구

・오사카메트로 개찰구 이용 방법

승차 시 개찰구에 승차권을 투입해 통과한 후에는 반드시 승차권을 회수해야 한다. 하차 시에는 개찰구에 승차권을 투입만 하면 되고 회수하지는 않아도 된다. 'IC'라고 적힌 개찰구는 교통카드 전용 개찰구다.

오사카 역 버스 정류장

오사카 시티버스 Osaka City Bus

오사카메트로 주요 역과의 연결을 담당하고 있으며 열차에 비해 운영시간이 짧고 거리에 비해 요금도 비싼 편이다. 뒷문으로 승차하고 앞문으로 내리면서 요금을 낸다. 내릴 때는 정거장이 다가올 때 하차 벨을 누르고, 차가 완전히 선 뒤에 움직여야 한다.

시간 : 첫차 오전 6시 50분-7시대, 막차 오후 7-9시대 / **요금** : 균일 210엔 / **여행자 패스** : 오사카메트로와 같은 패스 이용 가능

JR 외관

JR 내부

JR

일본 전역에서 운영되는 철도로 서일본·동일본·시코쿠·큐슈 등으로 운영회사가 나뉘며, 신칸센 역시 JR 소속이다. 오사카메트로와 달리 주로 지상으로 이동하기 때문에 오사카 시내 풍경을 감상할 수 있다. 서울 지하철의 2호선처럼 순환선도 있어 오사카 시민들의 통근, 통학에서 빠트릴 수 없는 수단이다. 시내의 경우 다른 교통편에 비해 운임이 저렴하다.

시간 : 첫차 오전 4시 50분대, 막차 자정~00:30분대 / **요금** : 3km 120엔(거리 비례로 증가), 간사이 공항선(린쿠타운 역, 간사이 공항 역) 이용 시 170엔 추가 / **여행자 패스** : 간사이 원데이 패스, 유니버설 스튜디오 재팬 스페셜 티켓, JR웨스트 레일패스 등 이용 가능(간사이 스루패스 불가)

만박기념공원 행

오사카 모노레일 大阪 モノレール

이타미 공항에서 카도마시 구간, 만박기념공원에서 사이토니시 구간까지 2개 노선으로 운영되는 모노레일로 오사카 메트로나 다른 사철과 환승할 수 있다.

시간 : 첫차 5시 40분대, 막차 11시 50분-12시대 / 요금 : 2km까지 200엔(거리 비례로 증가), 아동 100엔(성인 동반 유아 2명 무료) / **여행자 패스** : 간사이 스루패스, 모노레일 원데이 패스

택시 タクシー

우리나라에 비해 기본 요금이 2배 정도 비싸다. 택시 회사별로 요금이 다르며 콜택시를 이용하고 싶으면 'JapanTaxi' 라는 앱을 활용해보자. 차문은 기사가 직접 작동하므로 함부로 여닫지 않도록 하자.

시간 : 24시간. 단 시내에서 먼 곳에 있을 경우는 잡기 어렵다. / **요금** : 기본요금 500-700엔(거리 비례로 증가). 카드 결제가 되는 택시는 'VISA' 로고 등 안내가 붙어 있다.

자전거로 둘러보는 도다이지

전동 자전거

나라 렌탈 자전거

나라공원 일대를 걸어서 둘러볼 예정이라면 체력적으로 무리가 따를 수 있다. 3-4시간 일정에는 요금이 저렴한 렌탈 자전거를 이용해보자. 나라공원 명소 중 가장 멀리 위치한 가스가타이샤에서부터 도다이지, 나라 국립박물관, 고후쿠지, 나라마치 순으로 가볍게 둘러볼 경우 3시간 정도 소요된다. 도다이지와 가스가타이샤의 경우, 약간의 비탈길을 올라야 하므로 좀 더 편한 전동 자전거를 대여하는 것도 좋다. 1일 또는 3시간 대여가 가능하다.

· 나코-렌탈 사이클 ナコー レンタサイクル

위치 : 긴테츠나라 역 6번 출구 바로 앞 / **전화** : 0742-22-5475 / 시간 : 9:00-19:00 (12/30-1/3 휴무) / **렌탈** : 18:30까지 / **요금** : 1일 일반 800엔(전동 1,200엔), 3시간 500엔(800엔) / **쿠폰** : www.narakotsu.co.jp/kanren/cycle/coupon.html

2번 나라 순환버스

순환버스 안내판

나라 순환버스

JR나라 역 동쪽 출구 2번 승강장과 긴테츠나라 역 5번 출구 근처 1번 승강장에서 2번 버스를 타면 편하게 나라공원을 둘러볼 수 있다. JR나라 역에서 출발하는 2번 버스는 긴테츠나라 역-겐초마에(고후쿠지)-도다이지다이부츠덴/가스가타이샤마에-가스가타이샤 오모테산도로 연결된다.

나라공원 명소 중 가장 높은 곳에 있는 가스가타이샤나 도다이지를 방문할 예정이라면, 순환버스를 타고 가스가타이샤 오모테산도나 도다이지다이부츠덴/가스가타이샤마에에서 하차한 후, 가스가타이샤나 도다이지부터 둘러보고 나라 국립박물관, 나라공원, 고후쿠지 순(긴테츠나라 역 방면)으로 도보 이동하는 것을 추천한다. 순환버스는 앞문에서 승차 후 후문으로 하차하며, 승차 시 요금을 지불하니 유의하자.

요금 : 1회 210엔, 간사이 스루패스 소지시 무료 / **버스 정보** : www.narakotsu.co.jp/language/kr/pass.html

여행자가 알아두면 좋은 관광안내소

간사이 국제공항

JR 매표소

위치 : JR 간사이 공항역 1층 / **시간** : 5:30-23:00 / **구입 가능 패스** : JR웨스트 레일패스(1 · 2 · 3 · 4일권), JR웨스트 와이드 레일패스, 이코카 & 하루카, 이코카 카드, 신칸센 티켓

· 간사이 투어리스트 인포메이션 센터 제1·2터미널

위치 : 간사이 공항 제1터미널 1층 중앙, 간사이 공항 제2터미널 / **시간** : 제1터미널 7:00-22:00(연중무휴), 제2터미널11:30-19:30(연중무휴) / **구입 가능 패스** : 오사카 주유패스 1 · 2일권, 만국박람회 기념공원판, 간사이 스루패스 2 · 3일권, 케이한 전철 패스 교토 1일 패스, 교토-오사카 1 · 2일 패스, 오사카 1 · 2일권, JR 웨스트 레일패스, 긴테츠 레일패스 1 · 2 · 5일권 · 플러스, 오사카 가이유칸 패스(가이유칸 입장권 포함), 한큐 투어리스트 패스 1 · 2일권, 한신 투어리스트 패스 1일권, 히메지 투어리스트 패스, 난카이 2일 패스, 유니버설 스튜디오 재팬 스튜디오 패스 등 / **홈페이지** : www.tourist-information-center.jp/kansai/

오사카

· 간사이 투어리스트 인포메이션 센터 다이마루

신사이바시

関西ツーリストインフォメーションセンター大丸心斎橋

위치 : 신사이바시 다이마루 남관 2층 / **시간** : 10 : 30-21 : 00 / 구입 가능 패스 : 오사카 주유패스 1 · 2일권, 간사이 스루패스 2 · 3일권, 케이한 교토 1일 패스, 교토-오사카 1 · 2일권, 오사카 1 · 2일 승차권, JR웨스트 레일패스, 긴테츠 레일패스 1 · 2 · 5일권 · 플러스, 가이유칸 패스(가이유칸 입장권 포함), 한큐 투어리스트 패스 1 · 2일권, 한신 투어리스트 패스 1일, 히메지 투어리스트 패스, 리무진 버스, 난카이 2일 패스 등 / **지도** : 285쪽

· 오사카 비지터스 인포메이션 센터 우메다

大阪市ビジターズインフォメーションセンター 梅田

위치 : JR오사카 역 1층 중앙 콩고스 북측(철도 관광안내소 내) / **시간** : 7:00-23:00(티켓 취급 8:00-22:00) / **구입 가능 패스** : 오사카 주유패스 1 · 2일권, 만국박람회 기념공원판, 간사이 스루패스 2 · 3일권, 가이유칸 패스(가이유칸 입장권 포함) / **지도** : 284쪽

· 오사카 비지터스 인포메이션 센터 난바

大阪市ビジターズインフォメーションセンター 難波

위치 : 난카이 빌딩 1층 종합 인포메이션 센터 / 시간 : 9:00-20:00 / 구입 가능 패스 : 오사카 주유패스 1 · 2일권, 만국박람회 기념공원판, 간사이 스루패스 2 · 3일권, 가이유칸 패스(가이유칸 입장권 포함) / **지도** : 285쪽

나라

· 나라 시 관광센터

奈良市観光センター (NARANICLE)

위치:奈良市上三□町23-4 / **시간** : 9:00-21:00(영어 9:00-19:00, 중국어 · 한국어 9:00-15:30) / **구입 가능 패스** : 간사이 스루패스, 나라 교통 프리 승차권 / **지도** : 288쪽

· 나라 시 종합관광안내소

奈良市総合観光案内所

위치 : JR나라 역 동쪽 출구 앞 / **시간** : 9:00-21:00 / **서비스** : 관광 안내, 무료 와이파이, 수하물 위탁 등 / **지도** : 288쪽

Stay in Osaka
오사카에서 숙박하기

호텔 예약 시 가장 중요한 것은
자신의 여행 동선에 적합한
호텔을 물색하는 것이다.
우메다나 난바처럼
교통 요충지이자 번화가에
숙소를 잡는 것이 편리하지만
요금이 비싸고 인기 숙소의 경우
예약이 어렵다.
우선 대략의 여행 일정을 세운 후
동선이 편리한 역을 찾아보자.

간사이 에어포트 워싱턴 호텔
Kansai Airport Washington Hotel

공항에서 가까운 린쿠타운 역에 있어 여행 초반 또는 마지막에 린쿠타운 아울렛 쇼핑을 할 예정이라면 이보다 좋을 수 없다. 공항에서 난카이 열차를 타면 한 정거장이고, 호텔에서 운영하는 무료 셔틀버스를 타면 15분 만에 도착한다. 공항이 보이는 해변 공원과 6분 거리라 한적하게 바다를 보며 하루를 마무리하기에도 좋다.

요금 : 10,000-20,000엔(2인 스탠다드) / **부대시설** : 레스토랑 KITCHEN GARDEN(일식·중식·양식 뷔페), 패밀리마트 / **교통** : 난카이·JR 린쿠타운 역 도보 3분, 공항 무료 셔틀버스(간사이 공항 제1터미널 1층 S12구역에서 탑승) / **전화** : 072-461-2222 / **주소** : 泉佐野市りんくう往来北1-7 / **홈페이지** : washington-hotels.jp

다이와 로이넷 호텔 사카이-히가시
Daiwa Roynet Hotel Sakai-Higashi

난카이난바 역에서 열차로 13분 떨어진 사카이히가시 역에 위치한다. 오사카에서 멀지 않으면서도 번화가를 피해 조용히 쉬고 싶은 여행객에게 좋다. 역 앞 상점가에는 실용적인 상품들을 구비해놓은 로컬 상점이 많아 가볍게 둘러보기 좋다.

요금 : 10,000-13,000엔(2인 스탠다드) / **부대시설** : 두부&유바 전문 레스토랑 다이치노 메구미(大地の恵), 100엔 코인 세탁실 / **교통** : 난카이고야센 사카이히가시 역에서 도보 5분 / **전화** : 072-224-9055 / **주소** : 堺市堺区新町5-13 / **홈페이지** : daiwaroynet.jp

더 리츠-칼튼 오사카
The Ritz-Carlton Osaka

럭셔리 라이프스타일을 제공하는 최고급 호텔 체인이다. 우메다의 화려한 빌딩숲 사이에서 리츠-칼튼 일본 진출 1호점의 위용을 뽐내고 있다. 공항 리무진 정류장과 가까워 접근성도 좋다. 비싼 가격만큼 객실과 서비스, 식사 등 모든 면에서 고급 서비스를 누릴 수 있다.

요금 : 40,000-80,000엔(2인 스탠다드) / 부대시설 : 프랑스 요리 라베(ラ·ベ), 이탈리안 스프렌디도(スプレンディード), 일식 하나가타미(花筐), 중식 샨타오(香桃), 스파 / **교통** : 한신우메다 역 도보 5분, 요츠바시센 니시우메다 역 도보 5분, 우메다 역 도보 10분, JR오사카 역 도보 7분 / **전화** : 06-6343-7000 / **주소** : 大阪市北区梅田2丁目5番25号 / **홈페이지** : ritz-carlton.co.jp / **지도** : 284쪽

오사카 메리어트 미야코 호텔
Osaka Marriott Miyako Hotel

난바, 우메다 외 또 하나의 번화가인 텐노지는 일본 최고층 빌딩 아베노 하루카스와 100년 역사의 텐노지 동물원이 함께 있는 독특한 지역이다. 호텔에서 하루카스의 백화점, 미술관, 전망대가 모두 연결되며, 객실의 커다란 창에서 오사카의 풍경이 한눈에 보여 더욱 근사하다.

요금 : 30,000-60,000엔(2인 스탠다드) / **부대시설** : 유럽·일본·철판 요리 ZK, 뷔페 레스토랑 Cooka, Bar PLUS, 카페 라운지 PLUS 상점, 패밀리마트 / **교통** : JR·미도스지센 텐노지 역에서 아베노하루카스 긴테츠 본점 19층 / **전화** : 06-6628-6111 / **주소** : 大阪市阿倍野区阿倍野筋1丁目1-43 / **홈페이지** : marriott.com / **지도** : 287쪽 상단

호텔 몬테레이 그라스미어 오사카
Hotel Monterey Grasmere Osaka

도심 속에서 조용하게 하루를 마무리할 수 있는 곳이다. 쇼핑의 메카인 난바워크를 따라 JR난바 역, OCAT까지 연결되어 있어 공항이나 다른 도시로 이동할 때 편리하다. 모든 객실이 20층 이상으로 배치되어 있어 어느 방에 묵어도 롯코 산 전망을 즐길 수 있다.

요금 : 15,000-30,000엔(2인 스탠다드) / **부대시설** : 프랑스 요리 에스카레(ESCALE), 철판구이 고베(神戸), 일식 주이엔테이(隨縁亭), 미술관 / **교통** : JR난바 역·OCAT 도보 1분, 난바 역 30번 A출구에서 직결, 한신·긴테츠 오사카난바 역 도보 5분, 난카이난바 역 도보 7분 / **전화** : 06-6645-7111 / **주소** : 大阪市浪速区湊町1丁目2番3号 / **홈페이지** : hotelmonterey.co.jp / **지도** : 285쪽

인터컨티넨탈 호텔 오사카
Intercontinental Hotel Osaka

깨끗한 시설과 5성급의 고급스러움을 만끽할 수 있는 유명 호텔 체인이다. 대형 상업시설인 그랜드 프론트 오사카와 연결되어 있어 쇼핑과 식사 모두 부족함 없이 즐길 수 있다. 객실이 비교적 넓은 편이며 종일 보아도 질리지 않을 전망을 자랑한다. 우메다의 주요 역과도 가까워 더욱 편리하다.

요금 : 40,000-70,000엔(2인 스탠다드) / **부대시설** : 프렌치 레스토랑 피에르(Pierre), 노카(NOKA) 로스트 & 그릴, 바 아디(adee), 로비 라운지 3-60, 스파 / **교통** : JR오사카 역 도보 5분, 미도스지센 우메다·한큐·한신우메다 역 도보 5분 / **전화** : 06-6374-5700 / **주소** : 大阪市北区大深町3-60 グランフロント大阪北館タワーC / **홈페이지** : ihg.com / **지도** : 284쪽

더 파크 프론트 호텔 앳 유니버설 스튜디오 재팬
The Park Front Hotel at UNIVERSAL STUDIOS JAPAN

온 가족과 함께 유니버설 스튜디오 재팬을 즐기고 휴식을 취하기에 좋은 곳으로 2015년 개장했다. 유니버설 스튜디오 재팬과 가장 가까우며 간사이 공항을 연결하는 리무진 버스도 있어 편리하다. 유니버설 스튜디오 재팬이 내려다 보이는 뷰 역시 최고로 꼽힌다.

요금 : 15,000-70,000엔(2인 스탠다드) / **부대시설** : 뷔페 다이닝 아카라(Akala), 카페, 편의점 / **교통** : 유니버설 스튜디오 재팬 메인 게이트에서 도보 1분, JR사쿠라지마센 유니버설시티 역 도보 2분 / **전화** : 06-6460-0109 / **주소** : 大阪市此花区島屋6丁目2-52 / **홈페이지** : parkfront-hotel.com / **지도** : 287쪽 하단

프레이저 레지던스 난카이 오사카
Fraser Residence Nankai Osaka

난카이난바 역에서 곧장 연결, 난바 번화가와 가까워 외출하기 좋다. 레지던스 타입으로 방과 거실이 분리되어 있고 주방과 세탁기도 구비되어 있다.

요금 : 20,000-40,000엔(2인 스탠다드) / **부대시설** : 스페인 바, 사우나, 피트니스, 카페 / **교통** : 난카이난바 역 도보 3분, 난바 역 도보 5분 / **전화** : 06-6635-7111 / 주소 : 大阪市浪速区難波中1丁目17-11 / **홈페이지** : osaka.frasershospitality.com / **지도** : 285쪽

힐튼 오사카
Hilton Osaka

우메다의 랜드마크로 낡은 느낌이 있지만 고풍스럽다. 오사카 역에서 지하도로 연결되어 편리하다. 힐튼 플라자에서 다양한 볼거리와 즐길 거리를 경험할 수 있다.

요금 : 20,000-50,000엔(2인 스탠다드) / **부대시설** : 카페 및 레스토랑, 수영장, 사우나, 마사지 / **교통** : JR오사카 역 도보 2분, 한신우메다 역 도보 1분, 우메다 역 도보 5분 / **전화** : 06-6347-7111 / **주소** : 大阪市北区梅田1-8-8 / **홈페이지** : hilton.com / **지도** : 284쪽

타마캐빈 오사카 혼마치
タマキャビン大阪本町

2018년 3월에 오픈한 색다른 캡슐 호텔로 일반 캡슐 호텔보다 개인 공간이 넓고 공용욕실·화장실 시설도 깨끗하다. 시내 접근도 쉽고, 보안도 철저하다.

요금 : 3,500엔- / **교통** : 혼마치 역 7번 출구 도보 3분, 사카이스지센 사카이스지혼마치 역 15번 출구 도보 4분 / **전화** : 06-6258-3360 / **주소** : 大阪市中央区本町2-6-5 / **홈페이지** : tamahotels.jp / **지도** : 285쪽

베셀 인 신사이바시
ベッセルイン心斎橋

2017년 5월에 오픈한 비즈니스호텔로 자란넷 추천 랭킹 1위에 선정되었다. 건강 조식 등 만족스러운 서비스를 누릴 수 있다.

요금 : 7,000엔, 더블 9,000엔, 트윈 11,000엔 / **교통** : 미도스지센 신사이바시 역 2번 출구에서 도보 5분 / **전화** : 06-6282-0303 / **주소** : 大阪市中央区南船場二丁目12-11 / **홈페이지** : www.vessel-hotel.jp/inn/shinsaibashi / **지도** : 285쪽

OSAKA ONSEN
오사카 온천 즐기기

스파 스미노에
天然露天温泉 スパスミノエ

난바와 우메다에서 오사카메트로 요츠바시센으로 이동할 수 있는 천연 온천으로 덴포잔이나 베이 에어리어 여행 후 들러 여행의 피로를 풀기에 좋다. 다양한 탕과 노천탕, 사우나 시설이 있으며 식당도 있어 식사까지 즐길 수 있다. 주유패스 소지 시 무료며 수건 대여 시 200엔 추가된다.

요금 : 성인 650엔(주말 750엔), 4세 이하 320엔(주말 370엔), 주유패스 소지 시 무료 / **교통** : 요츠바시센 스미노에 역에서 도보 5분 / **시간** : 10:00~다음날 2:00(입욕 마감 1:00) / **전화** : 06-6685-1126 / **주소** : **大阪市住之江区泉1丁目1-82** / **홈페이지** : www.spasuminoe.jp

유모토 하나노이 슈퍼호텔 오사카천연온천
湯元「花乃井」スーパーホテル大阪天然温泉

요금 대비 만족도가 높은 천연 온천 호텔로 난바 역과 한 정거장 거리에 위치한다. 다갈빛 원천 100%를 즐길 수 있는 대욕탕이 있어 온천 료칸의 분위기도 느낄 수 있다.

요금 : 싱글 7,000엔, 더블 12,000엔 / **교통** : 센니치마에센 · 츄오센 아와자 역에서 도보 5분 / **전화** : 06-6447-9000 / **주소** : **大阪市西区江戸堀3-6-35** / **홈페이지** : www.superhotel.co.jp

나니와노유 온천
天然温泉 なにわの湯

텐진바시스지 근처에 위치한 온천으로 주택박물관 관람이나 우메다에서 쇼핑을 즐긴 후에 들르기 좋다. 천연 지하 암반수로 피부에 좋아 '미인탕'으로도 불린다. 옥상 노천 온천탕과 1인 욕조탕에서 하루의 피로를 풀어보자. 주유패스 소지 시 무료며 수건 대여 시 150엔 추가된다.

요금 : 성인 800엔, 초등학생 400엔, 주유패스 소지 시 무료 / **교통** : 텐진바시스지로쿠초메 역에서 도보 10분 / **시간** : 10:00~다음날 1:00, 주말 8:00~다음날 1:00 / **전화** : 06-6882-4126 / **주소** : **阪市北区長柄西1丁目7-31** / **홈페이지** : naniwanoyu.com / **지도** : 284쪽

타이헤이노유 온천
太平のゆ なんば店

난바 역과 가까운 다이코쿠초 역 근처에 위치한 온천으로 여행자보다는 현지인들이 즐겨 찾는 곳이다. 추가 비용을 지불하면 찜질방도 이용할 수 있다. 내부 시설이 깔끔하며 식사도 가능하다.

요금 : 성인 800엔, 초등학생 이하 400엔 / **교통** : 다이고쿠초 역에서 도보 3분 / **시간** : 8:00~다음날 1:00 / **전화** : 06-6633-0261 / **주소** : **大阪市浪速区敷津東2丁目2-8** / **홈페이지** : taiheinoyu.jp / **지도** : 285쪽

카미카타 온센 잇큐 上方温泉 一休

간사이 지역에서 보기 힘든 천연온천으로 히노키로 유명한 나무탕과 천연바위로 이루어진 바위탕으로 나누어진다. 휴식 및 여가 공간도 있어 피로를 풀기에도 제격이다. 오사카에서 가장 큰 노천탕이 있으며 주로 현지인들이 즐겨 찾는 곳이다.

요금 : 평일 750엔, 주말 850엔 / **교통** : JR한신난바센 니시쿠조 역에서 셔틀 버스 탑승 / **시간** : 10:00~다음날 2:00(매달 셋째 화 휴무) / **전화** : 06-6467-1519 / **주소** : **大阪市此花区酉島5丁目9-31** / **홈페이지** : onsen19.com

키타 지도

명소
음식점 및 카페
쇼핑 상점
오사카메트로 및 사철 역
↑ 바쿠안
타카마
사쿠라노미야 공원 →
나가쓰
나가쓰
덴진바시스지로쿠초메
오사카 주택박물관
군조
우메다 예술극장
누 차야마치
빌리지 뱅가드
텐진바시스지 상점가
하루코마 본점
인터컨티넨탈 호텔 오사카
나카자키초
하루코마 분점
미올 한큐삼번가점
한큐우메다
돈키호테 우메다 본점
나카자키초
키디랜드
리락쿠마 스토어
우메다 스카이빌딩
우메다
요도바시카메라
혼미야케
디즈니 스토어 헵파이브점
오모니
오기마치 공원
그랑 프론트 오사카
오사카
키지
헵파이브
브루노
키슈 야이치
오기마치(오사카)
오사카 비지터스
인포메이션 센터 우메다
루쿠아
한큐백화점
하나다코
포켓몬센터 오사카
도큐핸즈 우메다점
한신우메다
카페 앤 북스 비블리오떼끄
힐튼 오사카
니시우메다
하비스 플라자 ENT
더 리츠-칼튼 오사카
츠유노텐 신사
기타신치
오사카텐만구
후쿠시마
미나미모리마치
에페
스시 고케이
모에요멘스케
만료
오사카텐만구
와타나베바시
오에바시
산쿠
나카시노마 리버 크루즈
라멘 지콘 나카노시마
오사카 시립 동양도자기 박물관
세상에서 가장 한가한 라멘집
나니와바시
노스 쇼어 카페 앤
다이닝 나카시노마점
요도야바시
모토커피
기타하마 레트로
나카노시마
장미공원
국립국제미술관
노스 쇼어 카페 앤
다이닝 키타하마점
히고바시
미즈호 은행 오사카점
기타하마
나카노시마
요시노스시
타카무라 와인 앤 커피 로스터스
보타니카리
유키미술관
오사카 과학기술관
레구테
우츠보 공원
요시토라
36쪽
차시츠
모닝 글래스 커피

미나미 지도

타마캐빈 오사카 혼마치
사카이스지혼마치
혼마치
센바 우체국
센바 우체국
사이와세노판케키
오릭스 극장
비후카츠 카츠마
미나미센바
우사미테이 마츠바야
글로리어스 체인 카페
베셀 인 신사이바시
도큐핸즈 신사이바시점
니시오하시
신사이바시
몬디알 카페 328
나가호리바시
요츠바시
니시야
그란놋 카페
텐넨쇼쿠도 카푸
아메리카무라
나니와소바
다이마루 백화점
호리에
애플스토어
호텔 몬테레이
그라스미어 오사카
돈카츠 다이키
레드락
요롯파도리
츠케멘 스즈메
플라잉 타이거 코펜하겐
디즈니스토어 신사이바시점
티이요노 토우 난바시티숍
르 크루아상
미도스지
신사이바시스지 상점가
만다라케
나카타니테이 →
톤보리 리버 크루즈
이치란
돈키호테
호텔 몬테레이
그라스미어 오사카
소라
카무쿠라
도톤보리
다이코쿠
도톤보리 이마이 우동
JR 난바
이치비리안
JAPAN NIGHT WALK TOUR
이키나리스테키
호젠지
사카마치노텐동
마루후쿠커피
난바
오사카 톤테키
닛폰바시
국립 분라쿠 극장
오사카난바
빅카메라
센니치마에
리쿠로오지상노미세
후쿠타로
홉슈크림
타코야키도라쿠 와나카
로프트 난바점
고카이타치스시
무인양품 무지
키타로즈시
카페 앤 밀 무지
다카시야마 백화점
후츠노 쇼쿠도 이와마
애프터눈 티 리빙
난바시티
라멘코탄
프레이저 레지던스 난카이 오사카
난카이난바
난바파크스
이치미젠
프랑프랑
무인양품 무지
안티코 카페 알 아비스
#702 카페 앤 디너
티이요노 토우 난바시티숍 크스점
덴덴타운
빌리지 뱅가드
보크스쇼룸
유아이테이
야마다덴키 라비 1
74쪽
↓ 타이헤이노유 온천
기타하마 레트로

오사카 성 지도

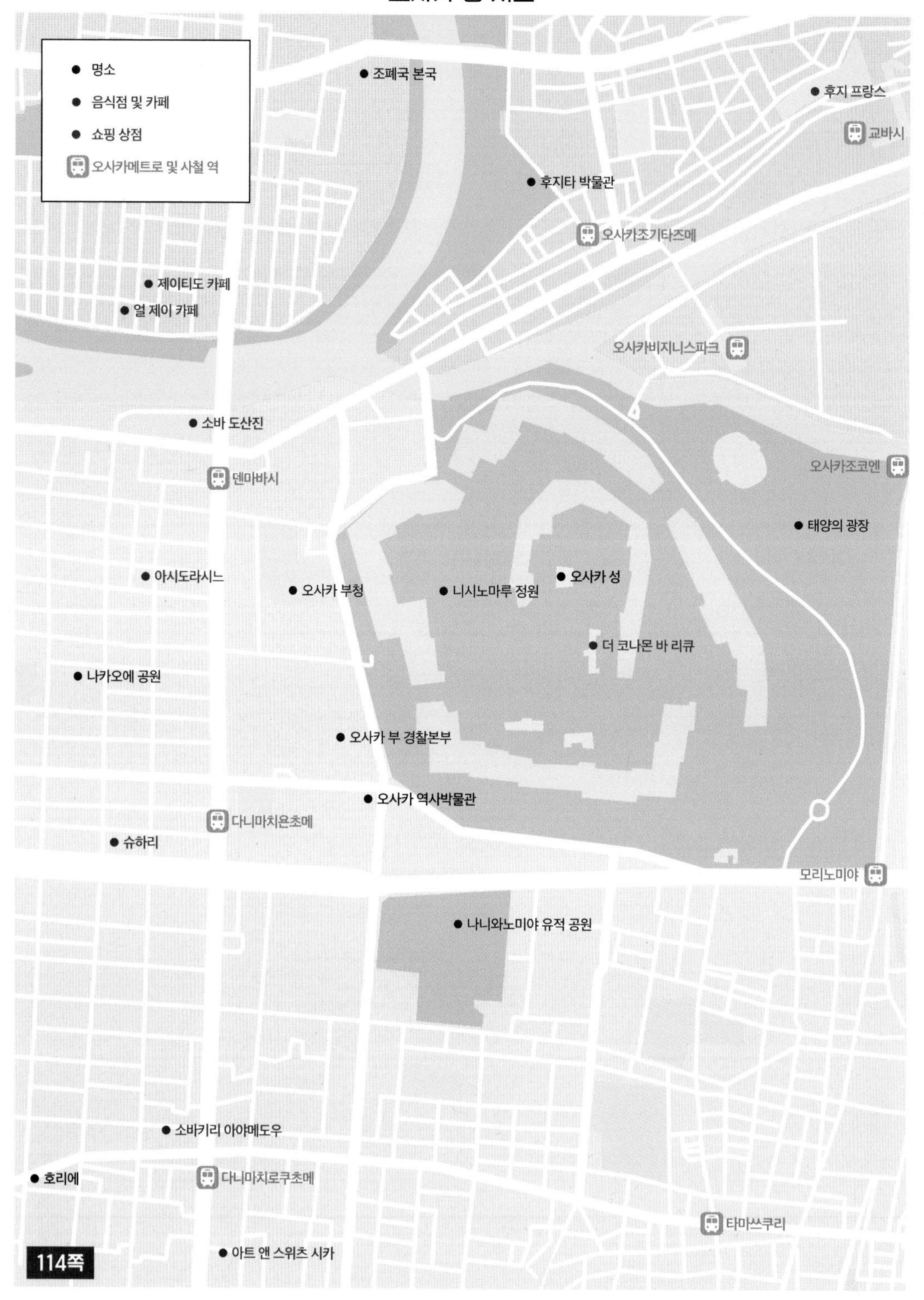

명소
음식점 및 카페
쇼핑 상점
오사카메트로 및 사철 역
조폐국 본국
후지 프랑스
교바시
후지타 박물관
오사카조기타즈메
제이티도 카페
얼 제이 카페
오사카비지니스파크
소바 도산진
덴마바시
오사카조코엔
태양의 광장
아시도라시느
오사카 부청
니시노마루 정원
오사카 성
더 코나몬 바 리큐
나카오에 공원
오사카 부 경찰본부
오사카 역사박물관
다니마치욘초메
슈하리
모리노미야
나니와노미야 유적 공원
소바키리 아야메도우
호리에
다니마치로쿠초메
타마쓰쿠리
아트 앤 스위츠 시카

114쪽

텐노지·베이 에어리어 지도

나라 지도

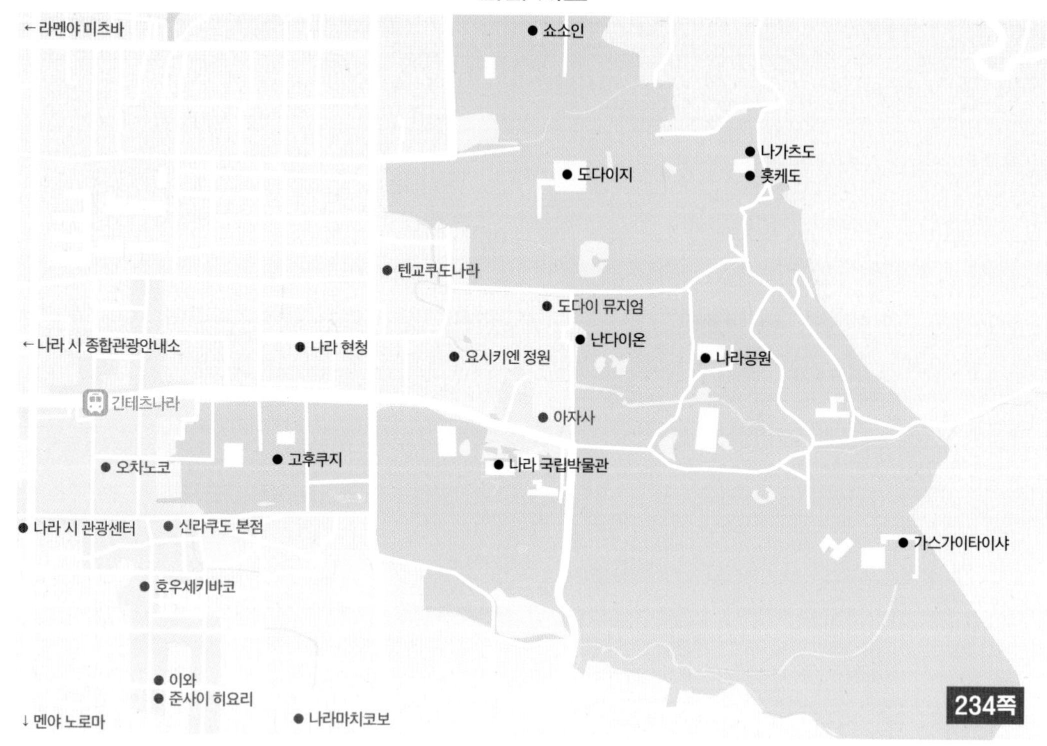

나라 버스 노선도

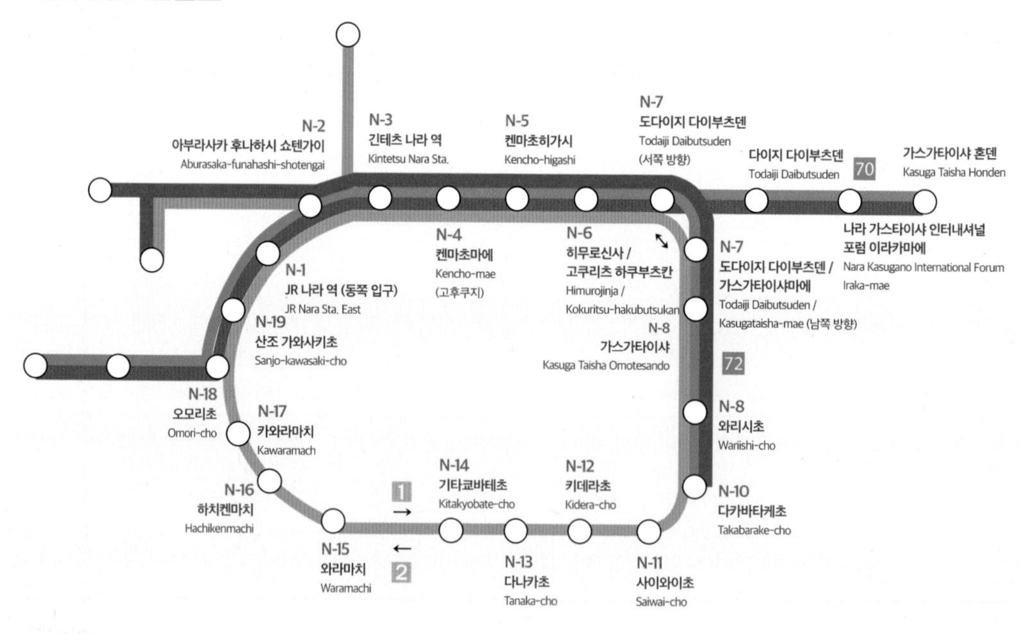

Osaka Call Center

인덱스

명소

음식점 및 카페

Index

쇼핑 상점

교통패스 및 티켓

숙소